山林花草追尋記

——牧野富太郎と、山——

牧野富太郎 Makino Tomitaro——著
蘇暐婷——譯

日本植物學之父
牧野富太郎的
自然書寫，最真實動人的
生態現場踏查紀實。

前言

牧野富太郎人稱「日本植物學之父」，幾乎全靠自學累積植物知識，一生致力研究及推廣植物知識，親自命名的新種及新品種植物多達一千五百種以上。

年幼時的他常在故鄉佐川山區玩耍，從此愛上植物。踏上研究之路後，他也走遍了日本各地山區，努力調查和採集植物。

本書從他遺留的眾多文章中，精選了與山和植物相關的作品，並根據文中山區的地理位置，依照北海道、本州、四國、九州的順序排列（提及多座山時，順序會前後調整），文章最後還附有主要山區資訊，可供大家在走訪山林時參考。

山與溪谷社編輯部

＊本書訂正了明顯錯誤，將老舊標記及假名改為現代通用版本，將生澀漢字拆寫成平假名或者標上讀音，並整理了標點符號，植物學名則依照原文。書中有些不適合當今社會的言論，但考量作品發表的時代背景及著作價值，仍保留原文。

牧野富太郎
拜訪過的群山

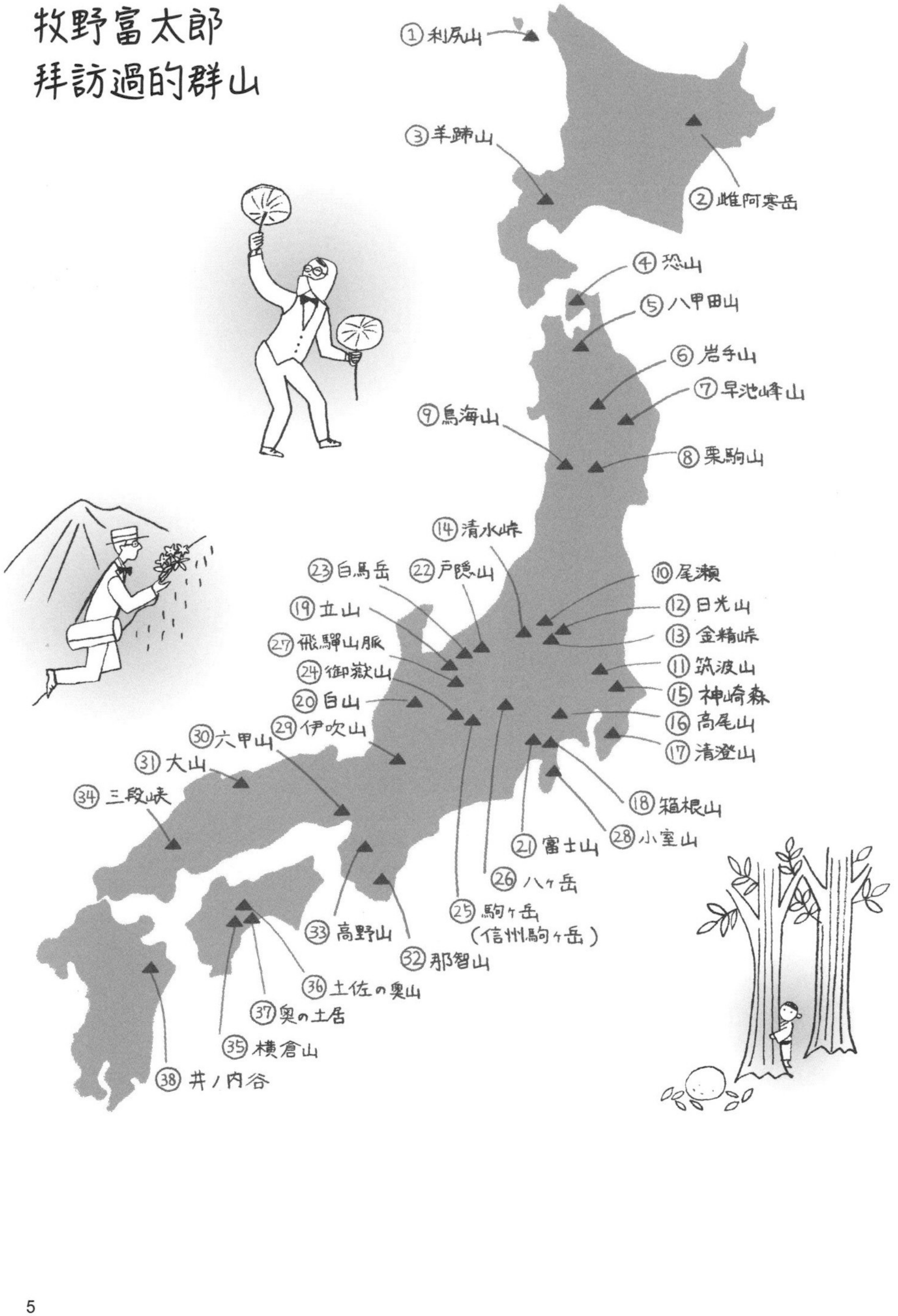

①利尻山
②雌阿寒岳
③羊蹄山
④恐山
⑤八甲田山
⑥岩手山
⑦早池峰山
⑧栗駒山
⑨鳥海山
⑩尾瀬
⑪筑波山
⑫日光山
⑬金精峠
⑭清水峠
⑮神崎森
⑯高尾山
⑰清澄山
⑱箱根山
⑲立山
⑳白山
㉑富士山
㉒戸隠山
㉓白馬岳
㉔御嶽山
㉕駒ヶ岳
（信州駒ヶ岳）
㉖八ヶ岳
㉗飛驒山脈
㉘小室山
㉙伊吹山
㉚六甲山
㉛大山
㉜那智山
㉝高野山
㉞三段峡
㉟横倉山
㊱土佐の奥山
㊲奥の土居
㊳井ノ内谷

目次

✻從近畿到中國、四國、九州 159

為什麼花會散發香氣？

花兒是沉默的，既然如此，又為何長得那麼漂亮？還飄著甜美的香氣？明明百合花不會說話，只是挺著一貫清麗的姿態，靜靜地散發芬芳，但在累了一天後的傍晚，卻讓人不禁想緊緊抱住窗邊馥郁撲鼻的百合花。

牡丹花為何如此碩大，櫻花卻那麼嬌小呢？鬱金香為什麼有紅、白、黃等不同的顏色呢？松樹和杉樹為什麼不開五彩繽紛的花朵呢？

植物雖然不會走路，卻都是活生生的，只是大家習以為常，見怪不怪罷了。合歡木入夜後會把葉子疊起來安睡；睡蓮的花會在晚上闔起，白天綻放；豆類的藤蔓會伸出長長的手，纏住附近的物體。植物的每一片葉子也都有功用，八角金盤會讓雨水順著寬大葉片上的葉脈，由上而下流到根部；鬱金香捲曲狹長的葉片扮演漏斗的角色，讓水滴沿著莖部流下。葉子曬到太陽後會充分伸展開來，吸收足夠的陽光，從空氣中汲取植物生存所需的養分——二氧化碳，根部則會吸收水分和氮。透過這樣的機制，植物就會健康茁壯。

人類成年後會結婚，留下子嗣。同樣地，植物也會在時機成熟時準備繁衍。當漫長的冬季結束，春風拂過原野和山巒時，大地就會覆蓋上美麗的花海，宛如披了一件由植物織成的夢幻婚紗。大家都知道，花朵中有雄蕊和雌蕊，雄蕊上的花粉會傳播到自己的花或其他花的雌蕊上，完成授粉，孕育出種子。

擁有美麗花朵的植物通常依賴昆蟲來遞送花粉。當昆蟲看到燦爛盛開的大花，聞到芬芳的香氣時，就會迫不及待飛來作客，花朵豪宅的內廳則備有滿滿的香甜花蜜，等著款待這位貴賓。昆蟲會將其他花朵的花粉留下來當作禮物，離開時再帶著沾了一身的雄蕊花粉，飛向另一朵花。

花朵有形形色色的種類，昆蟲也有各式各樣的類型，即使都是昆蟲，蟲兒們也各有所好，因此不同的花會招來不同的昆蟲。例如蜜蜂喜歡藍色的花，而蝴蝶和牛虻則會撲向明亮的花。花朵這座豪宅也為了迎合老貴賓，從外部的裝潢、氣味，到內部的構造皆經過精心設計。這就是為什麼吸引大型昆蟲的鬱金香和玫瑰花通常較大，而吸引小型昆蟲的櫻花和梅花則較小。小花植物的花朵也大多密集地聚在一起，以便昆蟲遠遠地就能看見。

仔細觀察杜鵑的花朵，花是不是都側向一邊？因為這樣昆蟲會更容易進入。上側花瓣中央有一抹像是撒了許多芝麻的花紋，這是「底下有花蜜」的告示牌，昆蟲朝著這塊招牌飛來以後，雄蕊的花藥會摩擦到昆蟲的身體，花粉便會從花藥的小孔中牽著絲灑出來。

植物的一生之中，最複雜、巧妙且有趣的階段就是繁殖期。例如菊花，大家可能會以為盛開的一大株菊花就是一朵花，其實每一片捲曲的花瓣都是獨立的小花，每朵小花都帶有雄蕊和雌蕊，一起生活在同一根莖上。當一隻昆蟲飛過，就會有大量的小花同時交換花粉，於是大多數小花都能授粉並結果。這種善於孕育種子的花叫做「高等植物」，例如日本皇室徽章的菊花，以及滿洲國國花的蘭（這種蘭是菊科的「藤袴」，不是世人以為的蘭科植物「蘭花」），便有花中王者的美譽。

松樹和杉樹也會開花。然而，松樹和杉樹的花粉並不仰賴昆蟲，而是透過風傳播到其他花朵。因此，這些花不需要像其他花那樣，用鮮豔的色彩和香氣來自我宣傳。這就是為什麼即使松樹和杉樹的花綻放，也不太會引起大家的注意。

那麼，為什麼同一朵花自帶雄蕊和雌蕊，卻還得從其他花朵接收花粉呢？因為植物的世界也講究倫理，雄蕊和雌蕊的成熟時期快慢不一，就像人類世界禁止近親通婚一樣。石竹花便是一個很好的例子。

植物的世界充滿了奧祕，愈深入研究就愈有意思。倘若這個世界少了植物，山巒與草原就會一片光禿禿，那該多麼荒涼啊！更何況，米飯、小麥、蔬菜、水果、海藻等糧食，以及衣物、紙張、建築、藥材等民生物資的原料，也都來自於植物。希望大家不僅僅是賞花、聞花香，也能在晴朗的日子去郊外走走，採集各種植物，研究那些藏在美麗花朵中、複雜又神祕的一面。蘊藏在植物中的滿滿喜悅和珍貴發現，一定會為大家的青春歲月帶來無數的美夢。

從北海道到東北

〔利尻山〕

利尻山及其植物

明治三十六年①八月，我爬了位於北見國②利尻島的利尻山。農學士川上瀧彌③兄曾在數年前於利尻山上一連待了數十天，並將採集成果發表於《植物學雜誌》，我讀過他的文章以後，便想著有朝一日我也要去這座山上採集植物，可惜苦無機會，這個目標被我放在心上許久，一直沒有實現。直到某一天，我聽說加藤泰秋子爵④打算去利尻山上採集植物，他是山岳會的會員，對高山植物的採集和栽培充滿熱忱，若我能一同前往，此行肯定獲益匪淺，加上子爵當時對高山植物也還不夠了解，正在尋找有意同行之人，承蒙子爵盛情，這下我終於得以一償宿願。

不過有件事我必須先自首，那就是子爵開給我的條件是要寫一篇採集遊記，我也答應了。然而俗話說「逐獸者目不見太山」⑤，對於腦中只有採集植物的我而言，事後要

①西元一九〇三年

②北見國，日本舊令制國之一。

③川上瀧彌（一八七一－一九一五），日本植物學者。一九〇三年來臺擔任臺灣總督府殖產局農商課技師，一九〇五年開始主導日治時期最重要的植物調查十餘年，直到逝世。

④加藤泰秋（一八四六－一九二六），日本大洲藩的第十三代也是最後一位大名，也是山草研究家。

⑤出自《淮南子・説林訓》

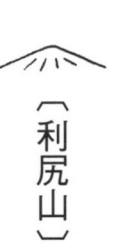

回想山上的地貌、沿途的景象再提筆寫成遊記，實在是太困難了。我心想反正總有一天會寫，便這麼拖啊拖啊，直到記憶都模糊不清了，才決定動筆寫遊記，結果當然是寫不出來。與此行相關的成員都輪番來念我，如今是再也拖不得了。幸虧山岳會雜誌願意讓我刊登概要，我才能藉著此文履行職責，並向加藤子爵與相關人員們賠罪。

加藤子爵在北海道有一塊開墾地，他先過去那裡，我則是在七月二十六日才從東京出發。此行並沒有人陪我從東京啟程，於是我抵達青森後先拜訪了一、兩位朋友，二十八日再從青森搭船，二十九日登陸室蘭。當天下午四點我經過紋別，抵達了虻田村，此外這段期間就沒什麼好提的了。隔天，也就是三十日，我來到虻田村內的幌萠——加藤子爵的開墾地，成功與加藤子爵會合。當天與隔天，我們在附近採集植物，收穫頗豐，不過這並非此文的主旨，不如就略過吧。

八月三日，我與加藤子爵一行人抵達札幌，並在山形屋下榻。當時不知怎麼搞的，我居然生病了，枉我大費周章跑到這裡，難不成計畫得就此中斷……幸好病情並沒有想像中嚴重，第二天我就康復得差不多了。之後過了三天，到了八月六日，我便與札幌農學校的宮部博士、加藤子爵，以及與子爵同行的吉川真水兄，試著在幌向的泥炭地採集。

這天，山草學者木下友三郎①兄也加入了我們的行列。前情提要一下，木下兄還在東京時，便說他正好有事要到北海道一趟，或許有機會參與這次的利尻登山，於是我們便花了幾天在途中等他會合。

到了隔天八月七日，我們終於從札幌啟程前往利尻島。加藤子爵與他的隨扈木下法學士、我一共四人，外加一位叫做井口正道的仁兄，一行人抵達了小樽，在色內町的越中屋歇腳，但由於井口先生抱恙，最後他決定留在小樽。我們四人當天便從小樽出發，搭上日高丸。

其實一般來說要前往利尻，都是搭乘從小樽到北見稚內的定期船，不過這艘船每週只有一班，必須等它回程停靠利尻時才能再搭它回來。海上風平浪靜，大約下午六點，我們抵達了一處叫增毛的地方，於十點再度啟程。隔天八月八日早上六點左右，船隻在燒尻島下錨，停泊沒多久又立刻出發，七點時一度停泊在天賣，然後又再次向北航行。那時應該是在上午十一點左右。在利尻島內，我們抵達了一個名叫鬼脇的港口，這個港口在利尻內算是最熱鬧的都市。下午一點二十分左右，我們終於在鴛泊港定錨，這就是我們隊伍要登陸的地方。我們立刻下船，住進了一家名叫熊谷的旅館。

①木下友三郎（一八六四—一九四四），日本司法官、教育家。

當天一早便雲層密布，連山的形狀都看不太清楚，還好海上風平浪靜。接下來一直到十點左右都沒發生什麼有趣的事情，幸虧後來天氣逐漸轉晴，在抵達鬼脇之前，已經能遙望到利尻山尖尖的山峰了。從早上登陸之前，我們就死命地盯著利尻山，評估山上各地的情形，我想在旁人眼中，我們一定是一群怪胎。我們所住的熊谷旅館在當地算是大飯店，這座島也比我原本想像中的還要進步，住起來並不會覺得有什麼不便。

這一天無事可做，但白白等太陽下山未免可惜，印象中是下午四點左右，大夥便出發去附近採集植物。我們前往大泊村的海岸，那裡位於鴛泊以西大約五、六百公尺遠。沿途的民房並不多，不過倒是有幾戶零零星星的漁民屋舍。

這片海岸上有一座小山丘，爬上山丘眺望，會發現這一帶是朝向島嶼中央的高原地形，沿海有些地方是岩壁，有些地方是沙灘，海岸旁長有雜木，也有草原，森林則離海岸略遠，樹木以蝦夷松和椴松為主。

在剛才提到的海岸小山丘附近，我們採集到了許多植物，包括艾草、秋麒麟草、長萼瞿麥、白吾亦紅、胡枝子、羊茅、雄寶香、東亞唐松草、日本薊、舞鶴草、南蛇藤、藤漆、花獨活、芒草、薹草、樣似蓬、蝦夷菊蒿、珠光香青、濱沙參（輪葉沙參的一種）、河原松葉、大山衾、岩刈安、紅梅消、毛連菜、多花野豌豆等。其中，蝦夷菊蒿在日本是非常珍貴的植物。在這座山丘下，我們也採集到了千島風露。

從山丘北面的懸崖面向大海，可以看到底部懸崖中段有大量原生的蝦夷小車。此外還有如岩蓮華般茂盛的蝦夷犬薺，就連蝦夷雛臼壺、蝦夷岩旗竿、羊茅、蝦夷大葉子、瓜槌草、鋸草、岩蓮華等，在這一帶都長了很多。當中最引人注目的是白蓬，銀白的色澤彷彿結了一層霜。這些草木底下就是一波波海浪，岩石頂端則長了許多雄寶香、藤漆、白吾亦紅、蝦夷弟切等，另外這一帶也有長岩高蘭。

當天大家先採集了這些植物便返回旅館。晚餐後，我顧著整理採集的樣本，不太記得其他人在忙些什麼，不過八成是為了攀登利尻山在做行前準備。詢問當地居民以後，我們得知通常只有上山參拜的信徒會當日往返，而且路況並不佳，山上也沒有能留宿的小屋，以至於待在旅館的我們對利尻山上的種種仍如霧裡看花。

八月九日，我們接著昨天的進度準備登山。其實本該在這天清晨出發上山，但天色看起來不太好，大夥便心想乾脆多留一天，做好萬全準備，後來果真下雨了，我們便多待了一日。下午雨勢終於停了，約五點左右放晴，那時離天黑還有一段時間，大夥就跑到一座有燈塔的山丘附近採集植物。這座山丘位於昨天採集地的相反方向，原生的植物種類有：千代萩、八丈菜、犬胡麻、濱大蒜、蝦夷雛臼壺、濱豌豆、東亞唐松草、苦菜、濱繁縷、莓繫、細葉濱藜、浪來草、車前草、弟切草、珠光香青、秋田蕗、濱弁慶草、歌仙草、睫穗蓼、伊吹麝香草、蝦夷大葉子、紫花堇菜、菽草、蝦夷犬薺等。此外，這一帶也有來自國外的歐洲千里光。

八月十日，我們終於要爬利尻山了。天才剛破曉，大夥便離開鴛泊的旅館，同行者除了先前提到的四人，印象中還有七、八名壯丁，也就是每人搭配兩名人力。畢竟我們還帶了便當、裝植物的容器以及我要用的壓花紙等一大堆物品，與一般民眾登山相比，自然得多添點人力。我記得大夥從鴛泊鎮上的旅館出發以後，朝東南方走了五、六百公尺才向右轉。其實原本從旅館出發後立刻右轉，就會碰到通往利尻山的幹道，但我們隊伍必須在途中採集泥炭苔，索性改繞遠路，去據說有很多泥炭苔的池塘看看。

從城郊向右轉，沿著緩坡爬幾百公尺就能抵達高原，但當地雜草叢生，山道又狹窄，我們摸索了好一陣子才找到方向。一路上，雜木、千島笹、都笹愈來愈茂密，有些甚至長得比人還要高，導致我們幾乎看不到路，不如說是根本沒有路。我們只好沿路撥開竹枝，一連撥了幾百公尺，總算到了有池塘的地方。

這是一座無名池，附近長了許多泥炭苔，大夥便先在這裡好好採集。池塘邊是一整片喬木林，樹種以椴松和蝦夷松最多。這片樹林裡還有許多叢生的植物，包括：深山濕氣羊齒、白花苦菜、坪菫、穗咲七竈、蹄蓋蕨、大雌羊齒、十文字羊齒、深山木天蓼、軟棗獼猴桃、山貓柳、大葉四葉葎、天南星、一人靜、輪葉八寶、日本蛇蘚、九眼獨活、臭菘、狗筋蔓、高山露珠草、華鳳了蕨等。越過池塘後是一道緩坡，沿著斜坡往上爬是一片竹林。竹林之後是雜木，雜木後方是一片長滿蝦夷松與椴松的森林。森林裡不僅完全看不到路，坡度還愈來愈陡，大夥在林子裡爬得氣喘吁吁。一會兒後坡度終於減緩，風景也從森林變成竹林，這下我們進入山谷了。

這座山谷裡有水流，加上快要十二點了，我們就決定在這附近先用餐。然而一想到利尻山頂仍然遠在天邊，大家都吃得很不是滋味。加藤子爵有一個他現在很珍愛的小盆栽，種著好幾棵蝦夷松。我想那應該是木下兄出於好玩，從我們用餐地點的岩壁上挖下的幾株樹苗。當時我沒想到它會變成那麼美麗的盆栽，可見主人在栽培上花了多少心血。

我們從用餐地點繼續前進，沿著山谷的水源溯流而上，這裡又更看不到路了。我記得溪谷兩岸不是雜木就是竹林，谷內的石頭都被磨得圓滾滾的。走著走著，山谷的盡頭映入眼簾，水流也逐漸乾涸。從這裡開始我們放棄山谷，朝右邊切入，但坡度愈來愈陡峭，竹林也生長得密密麻麻，爬起來簡直難如登天。印象中我在這裡採了些臭菘。

好不容易爬完竹林的陡坡，我們來到一片樹林，林子裡有低矮的蝦夷岳樺、偃松以及其他樹木，每一棵的個頭雖然都不高，甚至可以跨越，但有時卻得彎腰才能通過，一路爬起來可不輕鬆。這一帶的偃松可能遭遇過森林大火，樹枝都枯死泛白了，從山上俯瞰是一片白茫茫，彷彿積了一層雪，範圍也很廣。經歷一連串的難關，就在我們幾乎筋疲力盡時，總算找到了一條像樣的路。這是從鴛泊鎮通往利尻山的幹道，雖說是幹道，但畢竟還是山路，不僅很狹窄，坡度也非常陡峭。

這附近長了許多岩躑躅，岩躑躅的果實紅通通的，不但可食用，還散發著甜美的香氣，當然花已經凋謝得差不多了。這一帶也有許多原生的黃花石楠花，不過花都枯萎了。此外，我記得這裡也有蝦夷衾等花草。從這裡開始我們幾乎都在沿著稜線登頂。這座山峰應該就是藥師山，如果猜得沒錯，我們已經來到海拔約一千兩百公尺的地方了。之後我們又沿著山脊攀登了幾百公尺，途中經過鞍部。從鞍部遠望，頂峰其實並非遙不可及，但我們今天已經花了不少時間繞道採集泥炭苔，想要登頂好好採集再返回駕泊，恐怕機會渺茫。然而大家都是邊走邊各自採集，有些人落後，有些人遠遠超前，根本找不到時機與大家商量何時下山。

順著鞍部慢慢往前走，風勢逐漸增強，時間也愈來愈晚了。我心想一定要趕快討論何時下山，正好在這時候，一馬當先的子爵終於折返了，而木下兄剛好也在不遠處，我們便開始討論接下來的行程。商量的結果是，子爵畢竟年事已高，加上大夥並未做好露營的準備，更重要的是根本沒有足夠的食物，於是他決定率領大多數的人馬下山。留在山上的只剩兩名壯丁、木下兄和我，總共四人。但我們四人同樣缺乏足夠的糧食，只好拜託下山的人馬立刻攜帶食物和防寒裝備，再上山接濟我們。傍晚時分，我們便與加藤子爵一行人道別了。

正如先前所述，我們並未計畫在山上過夜，因此毫無準備，大家都不曉得該如何撐過今晚，不過總之得要有水源。我們在附近搜尋，往左邊撥開雜草往下走了約一百公尺，終於在這裡找到水了。水邊有一處遺跡，看來這裡曾搭建過小屋。如今想來，那應該是川上兄以前在山上的住處。

木下兄與我都是一身夏裝，入夜後本來就會感受到涼意，在這高山上更是冷得直發抖。如今最重要的就是生火充分取暖，於是我們拜託壯丁蒐集了大量的燃料。下個難關是我們沒有小屋能夠遮風擋雨，只能就地取材，想辦法讓我們兩人能夠容身。可惜事與願違，無奈之下，我們只好鑽進附近的雜木林裡。這裡有蝦夷岳樺、深山榛木，還混雜了一些偃松，高度都只有一到一點二公尺。將枝葉纏繞在一起，做出足以容納兩人半身的空間以後，我跟木下兄便從底下鑽進去，擋住腰部以上的範圍。

幸好當晚是晴天，不必擔心下雨，但是風勢相當強勁，寒風刺骨。其實我本來以為從山上到鴛泊鎮並不算遠，與加藤子爵一起下山的人馬若能攜帶食物和防寒裝備立刻上山，最晚也應該在晚上九點或十點左右抵達這裡。然而別說十點了，到了十一點仍然沒有人上山。我們幾乎沒有準備食物，只能靠著加藤子爵等人剩下的一點糧食充飢，身子也愈來愈冷，最後只好一股腦地燒樹枝取暖。回到鴛泊以後，才聽說我們的篝火從鎮上都看得到，不知情的人還覺得很不可思議呢。

當晚我們睡得並不好，但總算是平安撐到了八月十一日的清晨，然而直到天亮都沒有人上山。現在最棘手的問題是糧食已經吃個精光，加上我們也走不遠，只好在附近開始採集植物。當天早上採集到的植物有：腎葉酸葉、菊葉鍬形、岩蓮華草、利尻附子、五葉莓、岩弟切、毛當歸等。不知不覺間已到了上午十點，回到鎮上的人馬終於上山，我們也吃了早餐。據說他們抵達旅館後馬上就出發了，但畢竟夜已深，實在無法上山，只好在途中過夜。加藤子爵昨晚下山時本就累了，沿途又有千島笹、都笹橫亙在路上，令人寸步難行、筋疲力盡，因此他超過凌晨十二點才回到鴛泊。如此想來，或許在山上露營反倒輕鬆。八月十一日，木下君已經採集完畢，決定偕壯丁一同下山，我還捨不得離開這座山，索性留下來獨自度過一晚。

朝著山頂挺進，地面變成了砂石地，附近幾乎沒有樹。這裡生長得最茂密的植物是千島雛罌粟，最大的植株直徑大約有十五公分左右。除此之外，這附近就很少有其他草了，連千島雛罌粟都只出現在這一帶。從這裡到登頂途中，有原生的山鼻草、色丹草、色丹繁縷、蝦夷子櫻、利尻龍膽、千島龍膽等。

登頂後有一間木造的小神祠，聽說是拜不動明王的。山頂地形崎嶇，放眼望去幾乎只有草而沒有樹，但草的數目並不少。我還在這一帶發現了原生的利尻紫雲英。木下兄陪我從山頂往下走了一小段路，接下來我們便分開了，剩下我一個人。這附近生長的植物有：利尻黃耆、扇羽陰地蕨、長白山陰地蕨等。

站在山頂眺望，可以清楚看到東北方的宗谷灣，繚繞的白雲從宗谷灣向南方延伸，畫出遼闊的天際線，天鹽郡的山脈隱約可見。往西方可以一清二楚地看見禮文島，周遭是我們熟知的日本海，海上一望無垠，僅偶爾有流雲飄過。此外還有如今已是日本領土的樺太島，不過島上一片霧濛濛的，分不出來哪邊是山，哪邊是雲。在這北海的浪濤上，我還見到了與影富士相同的奇景——夕陽西沉時，利尻山的陰影倒映在東方的海面上，宛如人們在富士山常見的影富士，令人賞心悅目。更讓我驚豔的是下午四點左右，在利尻山頂居然能目睹所謂的「御來光」①，御來光中清晰可見自己被投射過去的人影。

從山頂往更遠方眺望，能看到第二座聳立的山峰，但由於時間不足，這天我就不去爬第二峰了，而是返回前一晚的露營區。當天我採集了許多植物，處理這些植物必須花費大量時間，最後居然熬了一整夜。不過與前一晚相比，我多了壯丁帶給我的防寒裝備，也就不怎麼怕冷了。

八月十二日運氣不錯，是個大晴天。凌晨三點左右我離開了露營小屋，抬頭一看，月亮孤伶伶地高懸在半空中，利尻山頂突兀地聳立在月光下，當下的風景真是難以言喻。

①氣象學上稱為「光環」（Glory）。

三點以後，東方逐漸泛起魚肚白，到了四點半太陽便浮出地平線了。此時仰望西北方，發現昨天還有一些雲，今日就萬里無雲了。禮文島方向的視野變得更清晰遼闊，不僅看得見宗谷灣和東邊，還能望見東北方的一座小島。當然，那座小島屬於樺太島。

吃完早餐後，我再次登頂，繼續朝著第二峰邁進。這段路程只有三、四百公尺，儘管山路並不好爬，卻不若第一峰那麼艱辛。第二峰的岩石並不多，原生草類有：千島辣韮、蝦夷四葉塩竈、細葉御蓼、利尻草等，以及一叢又一叢的黃花石楠花。第二峰前方還有第三峰，但要攀爬實在太困難了，因為到處都是斷崖絕壁，毫無立足之地，儘管遺憾，卻也只能果斷放棄。從第二峰朝西面的坡道往下走，有一塊名為「蠟燭岩」的大岩石，岩石上長著高嶺爪草和小岩蓮華等植物，底下則有千島岩蕗和蝦夷子櫻等。這一帶看起來雪才剛融化不久，但都沒有留下殘雪。

既然已經放棄前往第三峰，我便從第二峰掉頭回到了第一峰。往下走一陣子轉進右側的坡道後，映入眼簾的是綿延的草地，其中還有茂密的嵐草。再往下走一回兒則是一整面殘雪，寬度可能有二十公尺左右，長度則因積雪不斷往山下延伸而難以估計。在這面雪原的兩側，長著一叢又一叢開金黃色花朵的金梅草，它的萼瓣有十幾片，也有可能是新物種。這一區還長著利尻牡丹金梅，蝦夷子櫻也正好盛開。殘雪這一帶的地形有點像山谷，山谷兩側的土地幾乎都被偃松覆蓋。穿越偃松，往雪地左邊前進，就會到達露營區下方的谷地。好不容易抵達這裡時，天色正好轉變，最後下起了雨。

我因為到處採集，時間已經很晚了，壯丁連忙抖開毛毯呼喚我。滿載而歸的我回到露營區時，夕陽已逐漸沒入西方的海浪下。總算整理好裝備，開始下山時已將近七點，此時只剩兩名壯丁還陪著我待在山上。沿著下坡走了一會兒，太陽已經完全西沉，下山也變得困難重重，令人倍感前天晚上加藤子爵的辛勞。兩名壯丁背著沉重的行李遠遠落後，我則提著燈籠快步向前，找了一處偃松被森林大火燒白的地方，在那裡等壯丁走下來會合。夜色漸漸深了，不時還有神祕的大鳥飛過，令人惶惶不安。如今想來，那大概是北海道遠近馳名的老鷹吧，但當時我根本沒心思去認那是什麼鳥，甚至不時揮動木棒想將牠打下來，然而牠飛得很高，我根本打不到。

壯丁總算來了，大夥繼續下山。我們走進了一片竹林，在這裡被絆倒好幾次，甚至還摔跤，最後走到一處有溪流的地方。當時大約是十一點，照這樣子是不可能回到鴛泊的，我們便決定乾脆在這露營。畢竟要穿越這塊亂石累累的谷地下山，絕對不會比之前輕鬆，無奈之下只好如此。我們在當地紮營，但地面潮濕寒冷，難以入眠，再加上雨勢變大，令我們十分狼狽。

八月十三日一早，我們終於抵達旅館。我沒有戴斗笠，因此衣服都濕透了，活像一隻落水的老鼠。但也多虧這日整天下雨，我才能窩在旅館好好休息，直到八月十四日雨停之後，我才與加藤、木下兩位仁兄出門散步了一陣子。八月十五日，總算有一艘前往小樽的船抵達鴛泊，我們便搭上了這艘船。其實原本要開回小樽的船應該是我們去程時搭過的日高丸，但因為某些因素，改成了駿河丸。我們搭上這艘船，於八月十六日晚上十二點左右抵達小樽的越中屋。有些人要留在札幌，有些人急著返回東京，大家便分道揚鑣。總之，利尻山的植物採集之旅在此劃下了句點。

以上就是我僅存的回憶了，老實說這根本稱不上是遊記，當然也不能算是採集記，若想知道更詳細的內容，請參考川上兄刊載在《植物學雜誌》的論文，標題是〈利尻島的植物分布情況〉①。相信各位讀完後，對於山上的地貌以及植物的分布都會有更深一層了解。誠如開頭所述，我欠大家一篇登山遊記，只能腆著臉聊聊登山時的回憶，以盡未竟之責。希望大家閱讀時就別跟我計較了。

①標題原名為〈利尻嶋ニ於ケル植物分布ノ狀態〉

⊙ 牧野富太郎爬過的山

利尻山

所在地：北海道

海拔：一七二一公尺

利尻山別名「利尻富士」，自昭和四十九年①劃為「利尻禮文佐呂別國立公園」。在愛奴語中，「利尻」意指「高島山」，其高聳美麗的模樣自古就是人們心中航海與漁場的指標。利尻山也是高山植物的寶庫，有許多當地的特有種，例如利尻雛罌粟、利尻黃耆、牡丹金梅等。南面的斜坡上有千島櫻的群落，已列入北海道天然紀念物②。〔地圖①〕

①西元一九七四年

②天然記念物「利尻島のチシマザクラ自生地」

〔羊蹄山〕

後方羊蹄山的名稱由來

松浦竹四郎[1]著有《後方羊蹄日記》一書，書名讀作「シリベシ日記」。書中將雌岳「知別岳」[2]稱為「後方羊蹄」，既然「後方羊蹄」讀作「シリベシ」，那麼「後方羊蹄山」就是「シリベシ山」了。

將「シリベシ」寫成「後方羊蹄」實在非常奇特，甚至可以說是滑稽。

其實「シリベシ」這個地名寫為「後方羊蹄」的歷史，最早可追溯至昭和十三年[3]的一千兩百一十八年前，也就是元正天皇養老四年[4]。當時舍人親王編纂了《日本書紀》（簡稱《日本紀》），其中的第二十六卷齊明天皇五年[5]的部分，便首次出現了「以後方羊蹄為官衙」一文，足見人們從很早以前就開始使用這個詞彙，並將「後方」讀為「シリへ」（漢字「後」的讀音之一），「羊蹄」讀為「シ」。這座高聳的後方羊蹄山橫跨

①松浦竹四郎（一八一八—一八八八），日本探險家、浮世繪畫家、作家、文物收藏家。
②愛奴人將尻別岳稱為雄岳，而將羊蹄山稱為雌岳。
③西元一九三八年
④西元七二〇年
⑤西元六五九年

了北海道的後志國和膽振國①，是自古以來的著名高山。在愛奴語中，它叫做「マッカリヌプリ」，也有人稱之為「蝦夷富士」。

將「後方」讀為「シリへ」，對世人而言很好理解，但「羊蹄」讀為「シ」就令人一頭霧水了。這也難怪，因為所謂的「羊蹄」其實是「シ」這種草的漢名（在中國的名稱）。換言之，「シリベシ」是由「シリへ」（後方）與「シ」（羊蹄）融合而來的。

不過，卻有古人對此感到不服氣，甚至寫了一段文章來反駁，那就是牧墨僊②所著的《一宵話》。山崎美成③的著作《海錄》第十三卷中，便引用了這段文章：

東蝦夷地「シリベシ嶽」山勢險峻，山頂有湖泊，直徑達四、五公里之遙，湖濱泥淖，泥上可見諸多羊蹄足跡。《日本紀》（齊明五年）稱此深山為「後方羊蹄」，自此「後方羊蹄」即等同蝦夷高山。當地有無羊隻棲息尚不明朗，然此說乃出自蝦夷當地百姓，且《日本紀》與《萬葉》皆以「羊蹄」二字代稱「希」，其中必有典故。

文中提到的《萬葉》，應該是指《萬葉集》一卷十中的一首詩，即：

①後志國、膽振國：日本舊令制國之一。

②牧墨僊（一七七五—一八二四），日本浮世繪師、銅版畫家。

③山崎美成（一七九六—一八五六），日本隨筆家、雜學家。

梅花年年開，世人如空蟬。君如羊蹄草，春來不復還。
每年（としのはは）、梅者開友（うめはさけども）、空蟬之（うつせみの）、世人君羊蹄（よのひときみし）、春無有来（はるなかりはり）。

《一宵話》的作者認為歌中第四句「世人君羊蹄」（よのひときみし）的「し」是以「羊蹄」兩字來代稱，但他顯然對於為何以「羊蹄」代稱「し」感到茫然不解，而且後世的《萬葉集》註釋者似乎也沒注意到「し」①（羊蹄）其實是一種草名。

前面已經提過了，「羊蹄」是一種草的漢名，也就是在中國的名稱。這種草原產於中國和日本，古日本稱為「シ」，別名「シブクサ」，一如源順的《和名類聚抄》②所記載。它的根叫做「シの根」，別名「シの根大根」，古人習慣拿它入藥，現今的民俗療法也會把它肥厚的黃色根部以研磨器製成泥，混合醋做成藥膏，塗抹在股癬患部以利治療（同屬的土大黃也有相同用途）。

這是一種野外常見的大型宿根草，屬於蓼科雜草。小野蘭山的《本草綱目啓蒙》③

①在日語五十音中，し、シ是同一假名，し是平假名、シ是片假名，讀作 shi。

②日本平安時代的百科全書，在九三一年至九三八年由學者源順所編纂。

③小野蘭山（一七二九—一八一〇），日本江戶時代的植物學家及醫生，為本草學專家。一八〇三年發表《本草綱目啟蒙》一書，此書使其獲得了「日本的林奈」稱號。

卷十五中，描述其形狀如下：

此草多生於水邊，葉片狹長，長度可達一尺①餘，斷裂時流汁液，叢生於一株上。春末時發芽，高度約兩三尺，小葉為互生，五月時梢頭和葉間結花穗，每節約有十多朵小花。小花有三片花瓣及三片花萼，色澤淡綠，大小約一分②，中央有淡黃色花蕊，花謝後結果……此果在仙台人稱「ニテノミノフネト」。枯黃後內有三角形小種子，呈茶褐色，形狀如蓼實，又如金蕎麥，根部呈黃色，猶似大黃。

讀完以上文章，對這種草的模樣應該就不陌生了。據說它的葉子可以食用，但我自己還沒有吃過。根據中國古籍《救荒本草》③記載，饑荒時人們會摘下它的嫩葉，煮熟後浸泡在水中去除苦味，佐以油、鹽食用。

六月果實成熟時，人們還會採收它並曬乾，代替蕎麥殼填充到茶葉枕中。我曾經有樣學樣，但這種作法其實並不普及。

了解了以上種種，應該就能明白為何「シリベシ山」會寫成「後方羊蹄山」了吧。

①一尺約30.3公分
②一分約0.3公分
③明朝周定王朱橚著，中國第一部專門記錄可食用野生植物的著作。

⊙ 牧野富太郎爬過的山

羊蹄山

所在地：北海道

海拔：一八九八公尺

羊蹄山舊名「後方羊蹄山」，在愛奴語中稱為「マッカリヌプリ」，座落於支笏洞爺國家公園的西端，為匀稱的複式火山，別名「蝦夷富士」。山中植物呈垂直分布，山麓為櫟樹、岳樺組成的闊葉林；半山腰為蝦夷松、椴松、偃松等組成的針葉林；山頂則有黃花石楠花、松毛翠等高山植物。這些區域統稱「後方羊蹄山高山植物帶」，已列為國家天然紀念物①。〔地圖③〕

①天然記念物「後方羊蹄山の高山植物帯」

〔恐山〕

握茸

握茸是一種食用蕈，學名 Lepiota procera *Quel.*，舊學名 *Agaricus procerus* Scop.（種小名 procera 意為「高大」），俗稱 Parasol Mushroom，不僅廣泛分布於歐洲，在歐美也看得到。握茸指的是「可握的蕈類」，但實際上它的莖，也就是蕈柄很小，並不適合握在手裡。我在武州①飯能山採集這種蕈類時，還替它做了一首俳句：

握茸細如柳，豈能掌中握（ニギリタケ、握り甲斐なき細さかな）。

然而，天保六年②出版，由紀州③畫家坂本浩雪（浩然）④所作的《菌譜》，卻將握茸列為毒菇，並寫道：

①武州，日本舊令制國之一，即武藏國。

②西元一八三五年

③紀州，日本舊令制國之一，即紀伊國。

④坂本浩雪（一八〇〇—一八五三），醫師及本草學者。

其形狀不一，喜生長於陰濕之地，顏色淡紅，莖部泛白。被人握住會迅速消瘦，放開又立刻膨脹，成熟後傘蓋極大。

插圖把它畫成了蕈柄粗壯的大菇，但這其實是以「握茸」一名想像出來的圖，畢竟要讓人握的菇蕈柄怎能不粗？然而，真正的握茸蕈柄卻出奇地瘦弱。即便是像川村清一①博士這樣的真菌專家，長久以來也對握茸一知半解。直到大正十四年②八月，我在飛驒國③高山町聽說了當地的握茸，並與博士討論之後，博士才恍然大悟。於是，博士在大正十五年④六月出版的《植物研究雜誌》第三卷第六號中，寫了一篇有關握茸的文章，至此，過去朦朦朧朧的握茸形象才清晰起來。這種蕈類的特徵是蕈蓋張開時形狀猶如一把傘，因此別名「唐傘菇」。坂本浩雪的《菌譜》中有一張標記為傘菇、傘茸、傘蕈的圖，我認為這張圖很可能

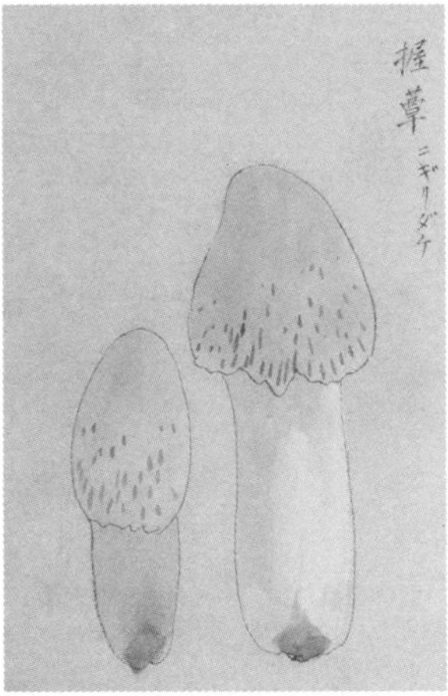

坂本浩雪《菌譜》的插圖，蕈柄粗壯的大菇其實是以「握茸」一名想像出來的圖。（国立国会図書館デジタルコレクション。原圖彩色）

①川村清一（一八八一－一九四六），日本菌類分類學者。
②西元一九二五年
③飛驒國，日本舊令制國之一，又稱飛州
④西元一九二六年

就是唐傘菇，至於註腳所寫的「有毒，不可食用」應該只是作者誤會了。

回到剛才的話，大正十四年八月時，我向高山町西校的校長野村宗男兄打聽到的握茸如下：

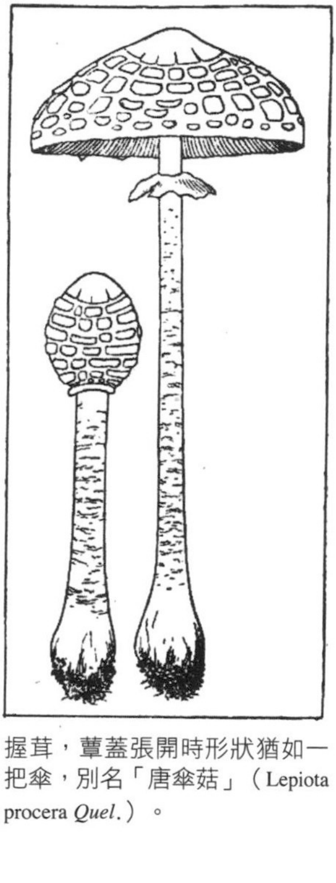

握茸，蕈蓋張開時形狀猶如一把傘，別名「唐傘菇」（Lepiota procera *Quel*.）。

方言中稱為握茸（にぎりたけ）者，產於飛驒吉城郡國分一帶（當地距離高山町約二、三里①遠），有時長在鋪滿除草堆的山地，有時長在用麥稈施肥的農田。這種蕈類在秋天栗子殼裂開時長得最茂盛，高度約七、八寸②，大的甚至能達到一尺五寸。每到握茸的產季，當地人就會前去收割，人稱「採握茸」。每一株握茸都是獨立生長，莖的粗度頂多以兩指握住，整體呈現白色，水分較少，莖頭鬆軟。縱切後沾醬油烤熟，是最可口的烹調方式。它帶有一些香味，適合煮湯和紅燒。

① 一里約3.9公里
② 一寸約3.03公分

距今二十五年前昭和三年①的秋天，我在陸奧國②恐山山麓的樹林中，發現了幾株蕈蓋大開的唐傘菇，也就是握茸，並拍攝了拿著握茸跳舞的照片。那時我還做了首打油詩，詩詞如下：

恐山秋日雨紛紛（恐れ山から時雨りょとままよ）
雙手持蕈把傘撐（両手にかざす菌傘）
但見雨絲瀟瀟下（用心すれば雨は来）
陽光穿林草木深（光りさし込む森の中）
揮傘掃去心煩悶（やるせないまま傘ふって）
松樹影下舞乾坤（踊って見せる、松のかげ）
且看擺腰妙姿態（その腰つきのおかしさに）
笑聲震動林外塵（森よりもるる笑い声）
路人都道是何事（道行く人は何事と）
探頭便見吾扭身（のぞいて見ればこの姿）

①西元一九二八年
②陸奧國，日本舊令制國之一，又稱奧州。

⊙牧野富太郎爬過的山

恐山

所在地：青森縣

海拔：八七八公尺

恐山別名「宇曾利山」，位於青森縣下北半島中央，為一座活火山。中央的破火山口有宇曾利山湖及菩提寺（圓通寺），並有溫泉湧出。山的表面大多為日本山毛櫸與羅漢柏混生的森林所覆蓋，宇曾利山湖周圍有許多硫氣孔，湖畔瀰漫著火山氣體，植物在這一帶幾乎絕跡。恐山還與高野山、比叡山並列為日本三大靈場，人們相信死者靈魂會聚集於此，因此每年七月都會在山中舉辦招魂儀式。〔地圖④〕

〔秋田山野〕

秋田蕗漫談

秋田蕗是一種葉片巨大的蜂斗菜，分布於東北奧羽地區至北海道，再往北到樺太島也能見到它的蹤跡。這種蜂斗菜的高度會隨著分布地區而異，愈往北長得愈高，因此樺太島的秋田蕗最為壯觀。

秋田縣山野中原生的蜂斗菜，全都屬於秋田蕗。至於我們平日所說、拿來食用的「蜂斗菜」，就我所見在秋田縣並無野生種，僅於某些地區的農田有少量種植。

走一趟秋田縣，往往能在山區見到蜂斗菜，即使長得比一般的蜂斗菜嬌小，也都屬於秋田蕗。因此我們要知道，秋田蕗未必都很高大。

我不清楚過去秋田縣的秋田蕗生長情況，但就現在來看，在山區也很難見到所謂的大型秋田蕗了，大部分都是小型或中型，除非運氣好，否則幾乎遇不到大型秋田蕗。

秋田市等地所賣的明信片上，經常可見大型秋田蕗，其實那都是靠施肥培養出來的。因為當地人將秋田蕗視為名產，就連秋田市公園內都有栽培。

因此，若想拍張秋田藝妓與美景的合照，來秋田市準沒錯。我第一次看到秋田市的明信片時，心中讚嘆不已，還以為是將藝妓帶到深山裡拍攝的，豈料卻是在城鎮附近的農田。如此一來，藝妓柔嫩的雙足就不會被木屐夾腳繩給磨破皮，珍貴的和服也不會弄髒，更不必嚇得花容失色了。

在秋田市，人們會將秋田蕗的粗大葉柄製成糖漬甜點來販售。此外，還會把寬大的秋田蕗葉面拓印在布料或絲綢上，稱為「蕗摺」。兩者都是以秋田蕗製作的當地特產。

愈接近北海道，這種秋田蕗就長得愈高大，而且在任何山區都看得到。在愛奴語中，這種蜂斗菜叫做「コルクニ」。

進入樺太島後，秋田蕗會變得更加巨大，將與生俱來的雄偉展露無遺。換句話說，這種蜂斗菜愈往北方長得愈高大，愈往南方長得愈嬌小，代表它是一種偏好寒冷而不喜歡溫暖的植物。

秋田蕗有它天然的特徵，即使形狀縮小了，對於眼尖的人來說，要區別它和一般蜂斗菜也不難。但我相信秋田蕗是一般蜂斗菜的變種，畢竟秋田蕗雖然有其獨到的特徵，葉形和花形卻與一般蜂斗菜一模一樣，只是大小有所區別。

秋田蕗的花苞「蕗薹」（蕗の薹）也與一般蜂斗菜相似，只是形狀胖了點。園藝行所賣的新年盆栽中，有一種叫做「八頭」（八つ頭）的根狀莖，就是用秋田蕗修剪而成的，只要種種看，就會長出秋田蕗。

秋田蕗跟一般蜂斗菜一樣，葉柄可以食用，但味道不是很好，所以並不受民眾青睞。

總之，秋田蕗葉面極大，展開後直徑可達數尺，高度亦可達數尺，長葉柄也粗達好幾寸，佇立的模樣壯觀、雄偉得不得了，足以傲視百草，因此它也是我們日本植物的驕傲。

最後我想補充一下，自古也有人用「款冬」、「蕗」等漢名稱呼蜂斗菜，但那都是誤用，蜂斗菜並沒有漢名。

從關東甲信越到中部

〔栗駒山、鳥海山、戶隱山、駒岳等〕

山草的分布

・日本分布概觀

日本的高山植物分布並不會隨著高山的不同而產生明顯區別，也就是說特定植物不會只生長在特定山區。首先，日本的高山植物分布可大致分為南部與北部，不過許多植物都是重複的。四國與九州等西南部因為地勢較低，山區海拔沒那麼高，即使是高山峰頂也只有灌木帶和喬木帶，植物較為矮小。整體來看，在西南部，與高山植物生態相同的植物會生長在岩壁上，不像北部高山植物生長在草本帶。中國地區的山脈大多低矮，只有伯耆大山擁有高山植物帶，當地有栂櫻、米葉栂櫻等，堪稱日本高山植物在最西方與最南方的終點。愈往北方，山勢愈雄偉，緯度也愈高，高山便愈容易出現海拔高於灌木帶的草本帶。

在所謂的高山植物中，有些物種是日本特有的，但整體而言，日本低地所分布的植物，在歐洲、亞洲和北美洲北部也有，而高山上的這些北半球植物又比低地更加豐富。換句話說，日本高山上的植物與北歐植物是息息相關的，例如，岩梅、零餘虎耳草、蟲取堇等，幾乎都是北半球北部也有的植物。開頭有提到，在日本，高山植物的分布並不會隨著山脈的不同而在物種上產生明顯區別，甚至連南部的高山植物都能在北海道的海岸找到，例如偃松、岩高蘭等。此外，近年來噴發過的火山上，高山植物種類也會比較少。像富士山不論從海拔高度或地理位置來看，都應該擁有豐富的高山植物，然而並非如此。為何每座高山都有的偃松與岩高蘭，在富士山上卻不見蹤影，便是基於這個因素。

在高山植物的種類中，有些是日本特有但隨處可見的，例如駒草、白根葵等。但也有日本特有且罕見的高山植物，例如庚申草、高嶺堇、南部虎尾、南部犬薺、雌阿寒金梅、御山豌豆等。

•七、八月開花的種類

七、八月開花的高山植物非常多，以下列舉三、四種。

姬岩鏡：生長於中部的喬木帶，花期在六、七月，為常綠多年生草本植物，有紅花和白花兩種。

岩團扇：生長於中部的喬木帶，六、七月時開花，為常綠多年生草本植物。

岩鏡：屬於岩梅科，生長於中部、北部的高山喬木帶、灌木帶與草本帶等地，花期在六、七月，在近畿地區生長於丘陵，為常綠多年生草本植物。

谷地蘭：屬於蘭科，生長於中部高山的濕地。花期在七月，為多年生草本植物，在日本非常稀有，偶爾可在日光、八甲田山等地找到。

蝦夷子櫻：報春花科，生長於北部的草本帶（利尻、千島），花期在八月，為多年生草本植物。

姬沙參：桔梗科，生長於中部高山的草本帶（日光），花期在八月，為多年生草本植物，白花種非常稀有，是世人眼中的珍寶。

千島雛罌粟：生長於北部高山的草本帶（利尻、千島），花期在七、八月，為多年生草本植物，相當罕見。

柳草：生長於中部北方的山區原野，有時在平地上也能發現。花期在八月，為多年生草本植物，高度可達一點五公尺。

雛櫻：屬於報春花科，生長於鳥海山、栗駒山等地。花期在七、八月，為多年生草本植物。

深山萬年草：景天科，生長於中部的喬木帶（信州①戶隱山、八岳等地）。花期在六、七月，分布於岩石上，為多年生草本植物。

金鈴花：敗醬科，又名「白山女郎花」，生長於中部北方的喬木帶，花期在七、八月，為多年生草本植物。

立山金梅：薔薇科，生長於立山、白馬岳等地。花期在八月，為多年生草本植物，花朵很小。

深山小米草：玄參科，生長於中部北方的山區，花期在七、八月，為一年生草本植物。

①信州，日本舊令制國之一，即信濃國。

白山千鳥：蘭科，生長於中部北方的草本帶，花期在七月，為多年生草本植物。

白鮮薺：十字花科，生長於中部的灌木帶和草本帶（駒岳、日光），花期在七月。底部的葉子有長柄，花序呈總狀，花色潔白，花瓣很小，雄蕊突出，種子有翅膀。

竹縞蘭：百合科，生長於中部北方的喬木帶，花期在七、八月，為多年生草本植物，結紅色漿果。

雌阿寒衾：石竹科，生長於中部北方的草本帶（釧路雌阿寒岳、羽後鳥海山），花期在八月，為多年生草本植物。

筑紫芹：繖形科，生長於南部的草本帶（九州），花期在八月，為多年生草本植物。

御山豌豆：生長於中部的草本帶（信州駒岳、白馬岳、八岳），花期在八月，為多年生草本植物。

岩菖蒲：百合科①，生長於中部的草本帶（山中溫泉），花期在八月，為多年生草本植物，花莖頂端有黏性。

岩桔梗：生長於中部北方的草本帶，花期在八月，為多年生草本植物。

深山金梅：生長於中部北方的草本帶，屬於薔薇科。花期在七月，為多年生草本植

①現隸屬岩菖蒲科

物。

深山龍膽：生長於中部北方的草本帶，花期在八月，為多年生草本植物，成叢生長。

利尻黃耆：生長於利尻山、白馬岳，花期在八月，為多年生草本植物。

深山曙草：龍膽科，生長於信州的駒岳、白馬岳、陸中早池峰等地。花期在八月，為多年生草本植物。

立山龍膽：生長於越中立山、越後清水峠、岩代尾瀨平等地。

大櫻草：生長於中部北方的草本帶（御嶽、白馬、北海道），花期在八月，為多年生草本植物。

⊙ 牧野富太郎爬過的山

雌阿寒岳

所在地：北海道

海拔：一四九九公尺

雌阿寒岳位於阿寒摩周國家公園阿寒湖的西側，是一座在破火山口成形，複雜的複式活火山。六月至七月時許多高山植物會開花，當中也有在雌阿寒岳首度發現的物種，例如明治十九年①由宮部金吾②採集並命名的「雌阿寒衾」，以及明治三十年③川上瀧彌採集，牧野富太郎命名的「雌阿寒金梅」。雌阿寒噴火口景色壯麗，不僅能眺望阿寒富士，還能欣賞到波光粼粼的青沼。〔地圖②〕

八甲田山

所在地：青森縣

海拔：一五八五公尺

八甲田山位於十和田八幡平國家公園內，為十和田湖外輪山——御鼻部山以南的一連串山脈總稱。它是奧羽山脈最北方的火山群，主要山岳包括八甲田山、高田大岳、櫛峰、乘鞍岳、

①西元一八八六年

②宮部金吾（一八六〇—一九五一），日本植物學者。

③西元一八九七年

八幡岳等。山麓各處皆有溫泉湧出，吸引眾多遊客前來泡澡療養。山峰形貌多呈圓錐形或馬鞍形，風景宜人。山中有許多溪谷、湖沼、濕地和高山植物，交織出繽紛的四季美景。〔地圖⑤〕

早池峰山

所在地：岩手縣

海拔：一九一七公尺

早池峰山為北上山地的主峰。柳田國男①與宮澤賢治②對早池峰山情有獨鍾，不僅曾親自攀登，還將它寫入了作品中。此外，俄羅斯植物學家馬克西莫維奇③與須川長之助④等人，也在生物學領域介紹過早池峰山，足見此山自古以來便魅力無窮。山上的高山植物帶有許多列入國定公園特別天然紀念物的物種，例如早池峰山的象徵——早池峰薄雪草，以及以早池峰山為分布南限的哈亞早熟禾、樣似蓬、千島小櫻、長葉北薊等。〔地圖⑦〕

栗駒山

所在地：岩手縣、宮城縣

海拔：一六二六公尺

①柳田國男（一八七五－一九六二），日本作家及民俗學之父。

②宮澤賢治（一八九六－一九三三），日本詩人、作家。

③馬克西莫維奇（Carl Johann Maximowicz, 1827-1891），俄羅斯植物學家。

④須川長之助（一八四二－一九二五），日本植物採集家。

栗駒山位在仙台正北方，座落於宮城、岩手和秋田的縣界上，是一座古老的火山，平安時代中期的《古今和歌六帖》便吟詠過栗駒山。日本許多山的名字都有「駒」字，不少都是從山上積雪所顯現的模樣命名的，栗駒山也不例外，每到五月，就會在東南方的宮城縣一側浮現出天馬展翅的模樣。山脊上不僅有灌木、遼闊的草原，還有豐沛的積雪、隨處可見的高海拔濕地與多樣化的高山植物。此外，每個登山口和下山口都有溫泉，也是這裡的特色之一。秋天的燈台躑躅花與裏白瓔珞鮮豔奪目的紅葉，更是值得大書特書。〔地圖⑧〕

鳥海山
所在地：山形縣
海拔：二二三六公尺

鳥海山是位於山形縣和秋田縣交界處的複式火山，為東北地區的代表性高山，以山容狀麗而聞名，別稱「出羽富士」或「秋田富士」，風景恬靜優美。從日本海到山頂僅約十五公里，是一座獨立峰。受到冬季季風直接影響，山區不同方位的積雪和風速有極大差異，因此政府也針對鳥海山特有的植物，例如鳥海衾、鳥海薊、鳥海珍車等展開了一連串的培育與保護。〔地圖⑨〕

清水峠

所在地：新潟縣、群馬縣

海拔：一四四八公尺

清水峠位於谷川連峰內（上越國境）群馬縣和新潟縣的交界處。這裡自古便是交通要道，現在也有國道二九一號通過，但群馬縣一側的國道已經荒廢，車輛無法通行，於國道迷之間素有「酷道①二九一號」之稱，唯有登山者可徒步通行。山頂設有清水峠白崩避難小屋。〔地圖⑭〕

戶隱山

所在地：長野縣

海拔：一九〇四公尺

戶隱山源自日本的創世神話，傳說中，天照大神躲在天岩戶洞窟時，大力神手力雄命用盡全力擲出堵住洞口的岩石，那塊岩石便形成了戶隱山。中社與寶光社的廣闊杉林裡，不時會傳來陣陣神樂。從山頂可以眺望左方陡峭連綿的西岳，以及北方景色秀麗的高妻山。〔地圖㉒〕

駒岳（信州駒岳）

所在地：長野縣

①日本人用與國道發音相同的「酷道」，來稱呼那些特別險峻、車線狹窄、甚至車輛無法通行的國道。

海拔：二九五六公尺

駒岳是中央阿爾卑斯山脈的最高峰，山名源於晚春時，中岳到將棊頭山山腹上，山稜積雪所顯現的馬兒形狀。山頂一帶是綿延的翠綠偃松，與潔白的花崗岩砂相映成趣。高山植物種類繁多，有岩梅、岩桔梗、青栂櫻、高嶺塩釜等，百花齊放、色彩斑斕。尤其是中央阿爾卑斯山脈的特產種駒薄雪草，是歐洲薄雪草的近親，為這片山區獨有的花。〔地圖㉕〕

大山

所在地：鳥取縣

海拔：一七二九公尺

大山別名「伯耆大山」，位於山陰地區的中心地帶，在歷史、民俗及自然科學方面皆人才輩出，曾以「火神岳」之名出現在相傳天平五年①完成的《出雲風土記》中，為日本歷史最悠久的山脈之一。山中擁有豐富的生物相，還能見到已列入特別天然紀念物的伽羅木純林②等景觀。〔地圖㉛〕

①西元七三三年

②天然記念物「大山のダイセンキャラボク純林」

〔尾瀨〕

長藏大怒

昭和七年①的《讀賣新聞》報紙曾刊登過一篇報導：「牧野前往尾瀨採集植物，遭尾瀨之主長藏怒罵，嚇得倉皇而逃。」這完全是無稽之談。當時同行的人都清楚，根本沒發生過這回事。

那時候別說長藏了，我們連一個人影都沒見到。而長藏他也沒有理由、沒有權力責備我。

不過，由於我採集的植物比別人多上許多，聽說長藏的確誤以為我在破壞山林，因此不太歡迎我去尾瀨採集植物。

真不知是誰灌輸了長藏這種刻板印象，說我喜歡濫採植物，最好趕快把我趕走，拚命慫恿這位善良而頑固、熱愛山野的老先生撻伐我！正因為如此，長藏老爺似乎對我沒

①西元一九三二年

什麼好感。

這件事八成是被好事之徒知道了，就穿鑿附會，捏造了這篇子虛烏有的假新聞。其實這反而傷害了長藏的名譽。

在輕井澤也有一樣的情況。報導指出，尾崎咢堂①每年夏天都會去輕井澤避暑，為了保護輕井澤的自然美景，他一向排斥有人去採集植物，因此，他也不喜歡我去輕井澤。真希望報社別刊登這種無聊報導，徒增當事人困擾。

不過緣分還真是奇妙，後來我與尾崎咢堂不但成為好朋友，兩人還一起獲選為東京都的榮譽都民呢！

①尾崎行雄（一八五八—一九五四），號咢堂，日本政治家，有「憲政之神」、「議會政治之父」之稱。

⊙ 牧野富太郎爬過的山

尾瀬
所在地：群馬縣、福島縣、新潟縣
海拔：一四〇〇公尺（尾瀬之原）
尾瀬是以尾瀬沼、尾瀬之原為主，含燧岳、至佛山等山區在內的地區。尾瀬之原為日本最大的高海拔濕地。一般認為尾瀨是流經福島縣西部的只見川，因燧岳的火山活動而堵塞後形成的。當地已劃為國家公園，是水芭蕉和北萱草等濕地植物的群生地，周邊山區還有日本山毛櫸原生林與偃松大群落。二〇〇五年列入拉姆薩公約濕地名錄。〔地圖⑩〕

備註：文中提及的「長藏」為平野長藏（一八七〇－一九三〇）。長藏於十九歲時開拓尾瀨，興建了燧岳登山道，當地至今仍留有他的故居「長藏小屋」。

〔日光山〕

赤沼溪蓀

赤沼溪蓀是一種鳶尾花，別名「野花菖蒲」，叢生於野州①、日光山的赤沼原，即戰場之原的部分乾地上，七月左右開花，花色單純，少有變化。和名除了「赤沼溪蓀」之外，又稱為「野花菖蒲」，學名為 Iris ensata *Thunb*. var. spontanea *Nakai*。

武州三寶寺池邊的濕地有一些野生的赤沼溪蓀，我將之移植到我家，種在一個大水缸中，每年六月都會開花。

這種野花菖蒲在伊勢人稱「ドンドバナ」（意義不詳），在日本各地皆有分布。一開始人們是在福島縣岩代的淺香沼澤採集到它的，後來有園藝行加以改良，在東京把它培育成花朵碩大燦爛的花菖蒲，使之開枝散葉，這才有了今日的野花菖蒲盛況。

關於此花，還有古詩一首：

①野州，日本舊令制國之一，即下野國。

岩代淺香水沼窪，羞澀菖蒲綻繁花。但見萍水相逢客，可曾傾心戀年華？（岩代の浅香の沼の花がつみ勝つ見る人に恋やわたらむ）

牧野富太郎爬過的山

日光山
所在地：栃木縣
海拔：二四八六公尺（男體山）

日光山是日光連山代表性的三座山——男體山、女峰山、太郎山等主山岳的總稱。自男體山峰頂環顧四方，不僅可鳥瞰中禪寺湖、戰場之原，還能遙望日光連山、上越、上州等群峰，甚至遠眺富士山。偃松環繞的女峰山頂上有瀧尾神社奧社，社內祭祀女神田心姬命。太郎山和小太郎（西峰）山稜一帶有許多高山植物爭奇鬥豔，例如白山風露、薄雪草、細葉岩弁慶等。〔地圖⑫〕

〔筑波山、高尾山〕

木通

走入山野，會看到一種叫做「木通」的植物。木通是秋天的風景之一，果實可食用，於秋季成熟，外型格外搶眼。鄉下孩子們每到栗子開口笑的季節，都會跑到山上尋找熟悉的灌木叢，興高采烈地採木通果來吃。就東京近郊而言，不論是去筑波山還是高尾山，這個季節的山路旁一定都有當地人在販賣從山上採來的木通果。其果實外形渾圓，呈鮮豔的深紫色，路過的人都會印象深刻。在都市人眼中，木通果十分罕見，甚至會買回去當作伴手禮。

木通果的紫色外皮包覆著柔軟的白色果肉，滋味香甜可口，但果肉中有許多黑色種子，吃起來非常麻煩。

吃完果肉後剩下的果皮厚實而柔軟，也許是覺得把皮扔掉太浪費了，有些地方的民眾會將皮用油炒過並調味，做成一道菜。去年秋天，我在箱根蘆之湯的紀伊國屋旅館，就嘗到了這道炒木通皮，當真是風雅無比。

距今約一百年前，人們還將木通的果皮當作藥材在藥房販售，藥名也很有趣，叫做「肉袋子」，不知如今是否還有在賣。

剛才提到的木通果，形狀便猶如一顆短瓜，成熟時會像插圖一樣，厚厚的果皮沿著一側直直地裂開。起初只會裂一點點，然後愈裂愈大，形成一個大大的開口。盯著這個裂開的口，會令人覺得很害臊，因為它的形狀很像女子的私處。也許是形狀太像了，大家一看都會聯想到。因此在很久以前，古人便稱木通為「山女」或「山姬」，更早之前則稱之為「蔄」。其實「開」（おかい、おかいす）指的便是女子私處，現在某些地區的人仍會這麼稱呼。我想這應該是個很古老的詞彙。至於在頂端添上草字頭，則是因為這種植物是草（實際上不是草，而是一種蔓生灌木）。

「木通」（あけび）一名便是從這奇怪的果實形狀而來。其實它本身就是「開陰」（あけつび）的縮寫，而「陰」（つび）正是女子私處的一種代稱。不過，也有人認為這個詞是源自「開肉」，因為果實裂開後會露出裡頭的果肉，有些人則認為是來自「打呵欠」

（あくび），因為果實裂開的樣子就像是張開口打呵欠。

各個地區對它的稱呼不盡相同，有些稱之為「あけび」，有些稱之為「あくび」。木通的名稱起源眾說紛紜，以上提到的「開肉」和「打呵欠」雖然合理卻太過普通，「開陰」倒是有意思而且也符合邏輯，加上古代就有「蔄」這個字，古人又以「山女」、「山姫」稱之，因此主張這個解釋也不無道理。還有人將木通稱為「妾蔓」（おめかずら）或「阿龜蔓」（おかめかずら）①，這些名稱大抵也與女子有關。

就像前面所提到的，木通原本是果實的名稱，後來卻變成了這種植物本身的名字。其實正確來說，稱呼這種植物時應該要用「木通蔓」（あけびかずら）一詞，而這個詞早在古時候便有了。

木通果非常風雅，俳人與詩人當然不會忽略它。古代連歌②便有「山女樂嬉戲，野翁見傾心（けふ見れば山の女ぞあそびける野のおきなをぞやらむとおもふに）」一詩，描述見到山女後的心境，

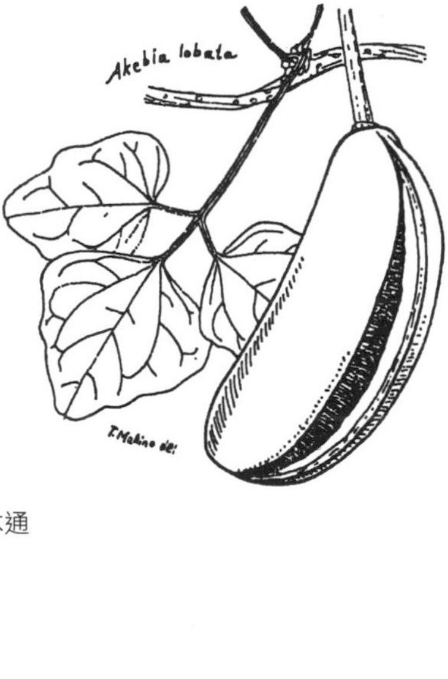

木通

①阿龜（おかめ），日本一種傳統的面具，具有圓臉，低鼻子，圓頭，下垂的頭髮，雙頰圓而飽滿的女人的臉。

②連歌：日本詩歌的一種體裁，由不同的歌人創作，長短句交互連詠成為一首歌。

詩中的「野翁」（野のおきな）指的是一種人稱「野老」的蔓草根（地下莖）。

另外還有「恍惚毬栗落塵埃，只因山姬笑顏開（山姬いが栗は心よわくぞ落ちにけるこの山姬のゑめる顏みて）」，以及與之呼應的「毬栗與君心相映，墜入山姬笑靨裡（いが栗は君がこころにならひてや此山姬のゑむに落つらん）」，詩中的「山姬」指的便是木通。

此外也有以「山女」為題的「壯丁攜柴偕山女，日暮歸去大原里（ますらをがつま木にあけびさし添へて暮ればかへる大原の里）」一詩。俳句中也有許多與木通有關的作品，例如正岡子規①的「老僧饋木通，辭別紅塵中（老僧にあけびを貰ふ暇乞）」、石井露月的「欲入木通叢，小鳥先現蹤（アケビ藪へ我れより先に小鳥かな）」、李圃的「遙望棕耳鶇，忽見山女美（ひよどりの行く方見れば山女かな）」、箕白的「輕扯木通蔓，葉落秋日藍（アケビ蔓引けば葉の降る秋の晴）」、高田蝶衣的「山珍千萬種，木通在其中（山の幸その一にアケビ讀れけり）」以及「露腹又開口，本色是木通（口あけてはらわた見せるアケビかな」。

我自己也寫了幾首，像是「木通何蹊蹺？觀來便知曉。（なるほどと眺め入ったる

① 正岡子規（一八六七—一九〇二），日本歌人、俳人。

アケビ哉）」，還有「女客見木通，別臉急匆匆」（女客アケビの前で横を向き）。我把自己做的俳句給朋友看，朋友都笑我說：「你這句子應該算是川柳[1]。」

日本有兩種常見的木通（現在還多了一個雜交種），一般皆統稱為「木通」。現在的植物學界，則是將五片葉子的木通簡稱為「木通」，三片葉子的木通稱為「三葉木通」，藉此區分兩種木通。

不論是前面所介紹的木通還是三葉木通，從植物學的角度來看，都屬於左旋纏繞藤本植物，亦即會長藤蔓的灌木，跟日本紫藤這類植物是一樣的。木通的葉子在冬季散落，具有掌狀複葉及長葉柄，並且是互生，花在四月左右形成總狀花序，雄花和雌花開在同一株花穗上，花只有三片紫色萼片，沒有花瓣，雄花有雄蕊，雌花有雌蕊，雌花通常比雄花碩大，但數量較少。

從果實來看，三葉木通果皮的紫色更加豔麗，形狀也更大，較適合食用。

市面上有賣一種用木通編成的籃子，這是以哪種木通做的呢？由於民眾都稱之為「木通籃」，很多人都以為那是用一般木通（五葉木通）製成的，甚至連專攻植物學的博士也會犯這個錯，還將錯誤資訊寫進書中鬧笑話。其實製作「木通籃」的木通是三葉

[1] 川柳：形式與俳句類似，但內容多幽默諷刺，類似打油詩。

木通，並不是一般木通。

三葉木通會從莖的基部長出細長枝條，匍匐蔓延到地面上，將這種枝條採集後去皮，就成了「木通籃」的原料。一般木通缺乏這種細長的枝條，因此絕對沒有爭議。日本東北地區多半只有三葉木通，所以當地人都將「三葉木通」簡稱為「木通」，也難怪主要產自東北地區的這種籃子會叫做「木通籃」了。

將一般木通芽上的莖與嫩葉摘下來，煮熟後涼拌即可當成小菜食用，蒸熟後曬乾也可以泡茶飲用。山城鞍馬山的名產「漬木芽」，就是將木通嫩葉與忍冬葉拌在一起醃漬而成的。

過去我國學者都將日本的木通與中國的「通草」（也叫木通）視為同種，因此將木通歸類於藥用植物。然而根據近年來的研究，這種別名木通的通草其實並不是木通，所以木通是否具有藥用價值，就變得有待商榷了。

有趣的是，木通在植物學上的屬名為 *Akebia*，這個全世界共通的屬名一看就知道是以日本木通為基礎來命名的。其中，木通稱為 *Akebia quinata*，三葉木通稱為 *Akebia lobata*，這是植物學上的通稱，只要使用這兩個名字，全世界的植物學家都看得懂。在學術界，每種植物皆有這樣的公認名稱，學者們也都會使用這些名字。由於篇幅限制，有關木通就先談到這裡吧。

⊙牧野富太郎爬過的山

筑波山
所在地：茨城縣
海拔：八七七公尺（女體山）

筑波山位於茨城縣西部，自古便是與富士山齊名的東部名山，《萬葉集》中歌詠筑波山的長歌與短歌甚至高達二十五首。山頂為男體山和女體山構成的雙耳峰，中間夾著御幸原，建有筑波山神社的奧宮，祭祀伊邪那岐命和伊邪那美命。沿著自然研究路繞行男體山一周，可見到在筑波山發現的罕見植物，以及各種冠名「筑波」的珍貴花草。〔地圖⑪〕

高尾山
所在地：東京都
海拔：五九九公尺

高尾山是關東三靈山之一，相傳於西元七四四年，由奈良時代的高僧行基開山，山上有藥王院有喜寺，於一九六七年劃為明治之森高尾國定公園。山上建有一號至六號的自然步道，可觀察山間的自然美景。高尾山是高尾堇、高尾平江帶等諸多植物的首次發現地。從東京出發可一日來回，因此備受遊客喜愛。二〇一五年設立了高尾山博物館「TAKAO 599 MUSEUM」，致力將高尾山之美展現給全世界。〔地圖⑯〕

〔清澄山、那智山〕

日本沒有原生秋海棠

我不只一次聽人說過日本有原生秋海棠，但我要強調，我國絕對沒有原生秋海棠，所有的原生秋海棠都是假象，是人工栽培後在野外繁殖出來的，只有外行人才會上當。假原生秋海棠的分布地點，往往只局限於寺廟的境內或周圍，例如紀州的那智山、房州①的清澄山都屬於相同情況。野州某寺院附近有一處斜坡地，也有生長看似野生的秋海棠。

秋海棠本身具有成群繁殖的特性，主要是因為植株上長有許多肉芽，這些肉芽顯然無法在空中飛行，因此繁殖區域便大幅受限了。秋海棠的花朵凋零後，果實會迸出無數細碎的輕盈小種子，這些種子照理說也會孕育新芽，但我至今還沒有見過從這些種子中發芽的幼苗。

①房州，日本舊令制國之一，即安房國。

秋海棠這個名字源自中國，也就是漢名，日語讀為「シュウカイドウ」，亦即和名。元祿十一年[1]出版的貝原損軒（益軒）[2]《花譜》中，曾提到「正保[3]年間，秋海棠首度自唐土引進長崎」。此外，寶永六年[4]出版的同作者著作《大和本草》中，秋海棠的條目下則寫道「寬永[5]年間，自中華首次引入長崎，以往國內並無此花，因顏色似海棠而得名」。這兩本書為同一人所著，但一本說是正保年間，一本說是寬永年間，到底哪邊才對呢？但至少從文中可得知，秋海棠並非日本原生種，因此日本是沒有原生秋海棠的。

秋海棠開的花非常漂亮，十分惹人憐愛，正因如此，陳淏子[6]所著的《花鏡》才會在秋海棠一段盛讚此花「為秋色中第一——花之嬌冶柔媚，真同美人倦粧」，並寫道「俗傳昔有女子，懷人不至，涕淚灑地，遂生此花，故色嬌如女面，名為斷腸花」。《汝南圃史》[7]也有提及這段典故。

秋海棠原產於爪哇和中國，學名為 Begonia evansiana *Andr.*，此外還有 Begonia grandis *Dryand.* 和 Begonia discolor *R. Br.* 等異名。

①西元一六九八年

②貝原損軒（一六三〇—一七一四），日本儒學家、教育家、本草學家、醫生和博物學家。初號損軒，退隱後改號益軒。

③正保為日本年號之一，一六四五—一六四八年。

④西元一七〇九年

⑤寬永為日本年號之一，一六二四—一六四五年。

⑥陳淏子（一六一二—？），清代園藝學家。

⑦明代周文華著，為一部記述花卉果木蔬菜瓜豆種植的農書。

⊙ 牧野富太郎爬過的山

清澄山

所在地：千葉縣

海拔：三五〇公尺

清澄山是以妙見山為主的山塊總稱，座落於千葉縣大多喜町，在千葉縣內屬於海拔較高的地區。山頂一帶有日蓮上人①修行過的清澄寺，以及遠近馳名的天然紀念物千年杉②。此外，當地也以繡球花、衣笠樹蛙③、清澄枝垂櫻等聞名，因此不只登山客，也吸引了眾多遊客造訪。山上除了有栲樹、紅楠等原生林，還有美麗的柳杉林。這裡也是東京大學農學院的實驗林。〔地圖⑰〕

那智山

所在地：和歌山縣

海拔：九六六公尺（大雲取山）

那智山是圍繞熊野那智大社的大雲取山、烏帽子山、妙法山等群山總稱。山上有蚊母樹、栲樹等闊葉樹和針葉樹組成的混交林，地表群生著多種植物，包括蕨類植物與藤本植物，相傳

①日蓮上人（一二二二—一二八二），日本法華宗、日蓮宗、日蓮正宗皆以他為始祖。

②天然記念物「清澄の大杉（千年杉）」

③衣笠樹蛙日文名モリアオガエル，森青蛙，學名為 *Rhacophorus arboreus*。

博物學家南方熊楠①曾在這片原生林中調查過黏菌與動植物。那智山除了劃入吉野熊野國家公園以外，紀伊山地的靈場和參拜道也於二〇〇四年列入了世界遺產公約之文化遺產名錄。〔地圖㉜〕

①南方熊楠（一八六七—一九四一），日本學者，主要學術領域為博物學、生物學、宗教學與民俗學等。

〔箱根山〕

因廁得福

有一種植物叫做「羅漢柏」，別名「明日檜」，也就是日本俗諺「明日は檜になろう」（明日成檜）①中，那個永遠成不了檜木（日本扁柏）的常綠針葉樹。到相州②的箱根山與野州的日光山走走，便能看到許多羅漢柏。

這種羅漢柏的樹枝上寄生著一種叫做「羅漢柏羊栖菜菌」的奇特寄生真菌。儘管名字中有「羊栖菜」兩字，但它其實只是模樣類似羊栖菜，而不是跟羊栖菜一樣可食用。關於這種寄生菌，最早的記錄應該可追溯至岩崎灌園③的《本草圖譜》，在此書第九十卷

羅漢柏槲寄生，出自岩崎灌園《本草圖譜》（原圖彩色）。

①典出《枕草子》，指便宜的羅漢柏妄想成為高價的檜木，不自量力。

②相州，日本舊令制國之一，即相模國。

③岩崎灌園（一七八六—一八四二），日本本草學者。

中，有一張註記為「羅漢柏槲寄生」①的圖，書中雖然未標明產地，但從圖畫來看，應該就是野州日光山或者相州箱根山上的物種。

明治時期，東京大學理科大學植物學教室的大久保三郎②兄，於明治十八、十九年③左右在相州箱根山採集了這種真菌，並發表於明治二十年④三月出版的《植物學雜誌》第一卷第二號中。隨後到了明治二十二年⑤，白井光太郎⑥博士也在同一刊物的第三卷第二十九號中，更詳細地發表了圖解與考證。

關於「羅漢柏羊栖菜菌」，我有一個有趣的小故事想分享。

其實，我比前面提到的大久保三郎兄，更早在相州箱根採集到羅漢柏羊栖菜菌。

事情要追溯到明治十四年⑦五月。那年我二十二歲，從東京返回家鄉的途中經過了箱根山。

說起來有點不好意思，我在山頂上突然想上廁所，便鑽進路邊的樹林裡方便，同時四處張望，發現眼前樹枝上附著了一種奇怪的東西。上完大號以後，我立刻折下那根樹枝，當作標本帶回土佐，並將它貼在了和紙板上。明治十七年⑧，我再度前往東京，還把這株標本與其他植物標本一起帶了過去。可惜的是，此事已經年代久遠，標本不知道

①日文名アスナロウノヤドリキ
②大久保三郎（一八五七—一九一四），日本植物學家。
③西元一八八五、一八八六年。
④西元一八八七年
⑤西元一八八九年
⑥白井光太郎（一八六三—一九三二），日本植物病理學者、本草學者、菌類學者。
⑦西元一八八一年
⑧西元一八八四年

在什麼時候遺失了，如今手邊已無留存。

總而言之，我才是第一個在箱根採集到羅漢柏羊栖菜菌的人。大久保兄在同一座山上採集到是明治十八、十九年左右的事，比我足足晚了六、七年呢！

⊙ 牧野富太郎爬過的山

箱根山
所在地：神奈川縣
海拔：一四三七公尺

箱根山是箱根火山的最高峰。當地的火山活動始於四十萬年前，形成破火山口之後邁入老年期，不過距今約兩萬年前，破火山口中心的中央火口丘又再度噴發。中央火口丘由北往南依序是神山、駒岳、二子山，與其他破火山口相比幅員格外遼闊。駒岳是一座草山，神山則為日本山毛櫸與姬沙羅的茂密森林所覆蓋。由於氣候溫暖、降雨充沛，箱根山上的植物種類繁多，不少箱根特有的植物與冠名箱根的動植物都棲息於此。〔地圖⑱〕

〔箱根山〕

箱根的植物

箱根的植物與駿州①富士山一帶的植物非常相似，這不僅是因為兩者的地理位置相近，也是由於兩地植物自久遠年代就系出同源。與附近其他地區的植物一比，箱根與富士山在植物分布上有多麼雷同就顯而易見了。換言之，箱根和富士山在植物分布上可說是自成一格，畢竟這兩區同處火山地帶、地勢相仿，適應環境後生長出來的植物自然也很類似。儘管箱根植物有些是這一帶特有的，有些在其他地區也找得到，但對於鑽研植物分布及種類的人而言，箱根地區還是極具吸引力。然而與其他地區相比，箱根的情況實在太特殊了，可以說植物的種類非常多樣，群聚形態也各不相同，雖然沒有特別罕見，但無論如何，毫無疑問地，箱根地區的植物還是頗有一看的價值。不過，這裡的海拔畢竟遠低於富士山，即使在最高處，植物的分布也僅止於灌木帶，因此箱根的高山植物種

①駿州，日本舊令制國之一，即駿河國。

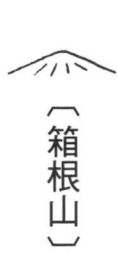

類非常有限，甚至可說是寥寥無幾。

・植物研究的歷史

箱根在植物方面擁有悠久的歷史，令我們植物學家深感興趣。西元一六九〇年，日本元祿三年，德國博物學家——恩格爾伯特・肯普費①首次來到長崎。隔年春天，他隨同荷蘭使節前往江戶，途中經過箱根山，在山裡看見了箱根草，得知人們會用此草醫治產前、產後的婦女。回國後，他於西元一七一二年出版了《外國奇聞》（*Amœnitatum Exoticarum*）一書，書中第八百九十頁以「Fäkkona Ksa」之名介紹了箱根草，註明這是來自箱根山的藥用植物。箱根草是蕨類的一種，一直以來本草學家都將它歸類為《本草綱目》中的石長生，但這究竟對不對呢？由於我不喜歡用漢名稱呼我國植物，所以我也沒有探討過這個問題。箱根草在植物學上的名稱是 Adiantum monochlamys *Eaton*，這種草其實不只分布於箱根，在其他各州山區也見得到，只是箱根正好有這種草，碰巧就被遠道而來的稀客認識了，「箱根草」一名從此開始流傳。另外它還有一個別稱「荷蘭草」，

①恩格爾伯特・肯普（Engelbert Kaempfer, 1651-1716），德國博物學家、醫生、探險家和作家。

下頁

①卡爾・林奈（Carl Linnaeus, 1707-1778），瑞典植物學家、動物學家和醫生，奠定了現代生物學命名法二名法的基礎，是現代生物分類學之父。

②卡爾・彼得・通貝里（Carl Peter Thunberg, 1743-1828），瑞典自然學家。

這也是由西方人首先提出的。這種草的葉柄、葉軸與枝幹呈現紫黑色並具有光澤，捆綁起來可做成小掃帚，稱為「玉帚」，是一種很風雅的桌上用品。

再來是大名鼎鼎的卡爾・林奈①的高徒——醫生兼植物學家——卡爾・彼得・通貝里②，他於西元一七七五年，也就是安永四年來到長崎。隔年春天，即安永五年，他與荷蘭使節經過東海道的各個驛站，最後翻越箱根抵達江戶。據說通貝里在通過箱根山的時候，獲得了徒步的特許，喜出望外之下便在峰頂約三十一公里一帶四處張望，採集山上的植物。於是，通貝里在日本逗留了大約一年，回國後撰寫了《日本植物志》（*Flora Japonica*，於西元一七八四年出版）一書，書中隨處可見箱根（記為Fakona）之地名。在箱根山的條目中，有大量關於黑文字的描述，甚至附上了插圖。開頭寫道黑文字的和名為「Kuro Moji」，結尾則記載日本人會用其木材製作牙籤，並幫它取了一個新學名Lindera umbellata *Thunb*.。

然而後來的植物學家，包括西博德、楚卡里尼、布盧姆、邁斯納、米克爾、弗朗謝③、馬克西莫維奇等人，都將通貝里發現的黑文字誤認為是分布於日本中部以南山區的鐵釘樹，而明明通貝里已經標示了學名，馬克西莫維奇不但沒發現錯誤，還幫同樣產自

③西博德（Philipp Franz von Siebold, 1796-1866），德國內科醫生、植物學家、旅行家、日本學家和日本器物收藏家。
楚卡里尼（Joseph Gerhard Zuccarini, 1797-1848），德國植物學家，慕尼黑大學植物學教授。
布盧姆（Karl Ludwig von Blume, 1796-1862），德國與荷蘭植物學家。
邁斯納（Carl Daniel Friedrich Meisner, 1800-1874），瑞士植物學家。
米克爾（Friedrich Anton Wilhelm Miquel, 1811-1871），荷蘭植物學家。
弗朗謝（Adrien René Franchet, 1834-1900），法國植物學家。

箱根的黑文字又取了一個新名稱 Lindera hypoleuca *Maxim.*。其實，箱根既沒有鐵釘樹，日本人也不會用鐵釘樹的木材製作牙籤。黑文字的開花時期不盡相同，有些是在嫩葉長出來前盛開，有些則是在嫩葉長出來時一起綻放。通貝里的圖解為後者。

・學術與植物名

箱根除了靠近橫濱的開港地區，還是溫泉勝地，山中有光潔如鏡的蘆之湖，附近有高聳的富士山與箱根山兩兩相望，如詩如畫的風景吸引不少僑居、登陸橫濱與橫須賀的西方人來訪，其中也包括了採集箱根植物的薩瓦捷①、比塞特②等人。他們採集的植物日後經由各領域植物專家鑑定並確認物種後，不少都有了新的名稱，有些為了紀念箱根，便以箱根當作植物的種小名，因此在植物學界，箱根自然而然就有了名氣。以箱根（hakone）地名為種小名的植物有：小弟切（Hypericum hakonense *Franch, et Sav.*）、深山冬莓（Rubus hakonensis *Franch, et Sav.*）、岩人參（Angelica hakonensis *Maxim.*）、箱根莎草（Cyperus hakonensis *Franch, et Sav.*）、針菅（ Carex hakonensis *Franch, et*

①薩瓦捷（Paul Amedée Ludovic Savatier, 1830-1891），法國海軍醫生和植物學家。

②比塞特（James Bisset, 1841-1911），英國植物收藏家。

Sav.）、姬野刈安（Calamagrostis hakonensis *Franch, et Sav.*）等等。這些植物並不是箱根的特有種，但鑑定命名者最早接觸到的卻是來自箱根的採集品。

・理科大學的採集

正因為箱根山如上述般歷史悠久，我國的帝國大學、理科大學自明治十年①以後，便經常派人到箱根採集植物，當時的植物標本至今仍保存在理科大學的標本室中。近年來，大學已經很少到箱根山採集植物，但以前經常派教職員去出差。其中有一位對箱根植物格外感興趣，三不五時便去採集、研究當地植物，那就是當時在理科大學擔任副教授的大久保三郎（大久保一翁的庶子）。他與在同一所大學擔任教授的矢田部良吉②（後來不幸在相州海域溺斃），以在箱根採集到的植物標本為基礎，加上自己蒐集的種類，編纂了箱根植物目錄，並發表於《植物學雜誌》的第一卷第一號到第四卷中，這是我國植物學家首次發表箱根植物目錄。同一時期，博物局當然也採集了箱根的植物，但並未公開目錄。大久保的目錄確實網羅了大部分的箱根產植物，卻也遺漏了不少物種，有些

①西元一八七七年

②比矢田部良吉（一八五一－一八九九），日本植物學家、詩人、科學家。

如今甚至連學名都大幅變更了。

・蘆之湖的水草

蘆之湖中生長了各式各樣的水草，其中六種沉水生長的顯花植物是我在明治十九年八月於當地採集植物時發現的。若我調查得更仔細，也許還能發現其他物種，尤其是隱花植物中的輪藻屬（*Chara*）和麗藻屬（*Nitella*，在日本多稱為「ふらすも」，但「ふらすこも」才正確），一定會大有斬獲。

這六種水草分別是水王孫、苦草（以上兩種為水鱉科）、茨藻（茨藻科）、微齒眼子菜、穿葉眼子菜、笹蝦藻（以上三種為眼子菜科）。我就是從當時開始用箱根產的笹蝦藻做研究，並為這種水草取了新名字「蝦夷藻」，日後又取了新學名 Potamogeton nipponicum *Makino*，相關圖解發表於《植物學雜誌》第一卷第一號，以及拙作《日本植物志圖篇》第一卷第九集中。這種水草如今不僅長在箱根，也分布於野州日光的湯之湖和信州的野尻湖，相信在其他湖泊中也能找到。從水王孫數起的五種水草同樣也分布於其他各個湖泊，並非蘆之湖的特產。總之，這座湖沒有任何特有的沉水顯花植物，顯然對這些水草來說，蘆之湖既不特殊，彼此之間的關聯性也不大。

・冠名箱根的植物

前面舉了幾個在學名中以 hakonense 或 hakonensis 當作種小名來紀念箱根的植物，而在和名方面，冠名「箱根」的植物則有：箱根草（前面已提過）、箱根空木、箱根菊、箱根竹、箱根米躑躅等等。

這些植物都與箱根頗有淵源，儘管有些和箱根的關聯性並非最大，例如箱根空木跟箱根草，但其他植物與箱根就息息相關了，像箱根竹在箱根山便數量驚人，產量非常豐富，幾乎沒有其他地方可相提並論。其實這種竹子在我國各地都有生長，當然東京附近也是產區之一，不過繁殖量皆不及箱根。箱根竹在人類社會的用途非常廣泛，人們大多拿它構築牆壁的骨架，或製作團扇的柄、菸管、筆桿等等。它是川竹的變種，無論稈或葉都比川竹小一些，學術上的名稱為 Arudinaria simoni Riv. var. chino *Makino*。

此外，像箱根米躑躅也是以箱根為主要產地，此外便少有分布，所以在箱根可以看到大量的箱根米躑躅，連在駒岳和雙子山等地都隨處可見。它是一種小型灌木，屬於杜鵑花科，外形與杜鵑花屬的米躑躅（Rhododendron tschonoskii *Maxim.*）非常相似，甚至難以區別，卻與後者截然不同，歸為獨立的另一屬。兩者的主要差別在於花中雄蕊上的花藥，杜鵑花屬是透過花藥頂端的小孔來釋放花粉，箱根米躑躅的花藥則沒有類似的小孔，而是像一般植物的花藥一樣縱向裂開。花藥的開裂差異是鑑別植物的重要依據，因此，馬克西莫維奇在他的著作《東亞杜鵑花科植物篇》中，將箱根米躑躅判定為新屬的物種，將其從杜鵑屬中區分出來，並為它取了新名字 Tsusiophyllum tanakae *Maxim.*，然後發表圖解。此外，箱根米躑躅也有出現在

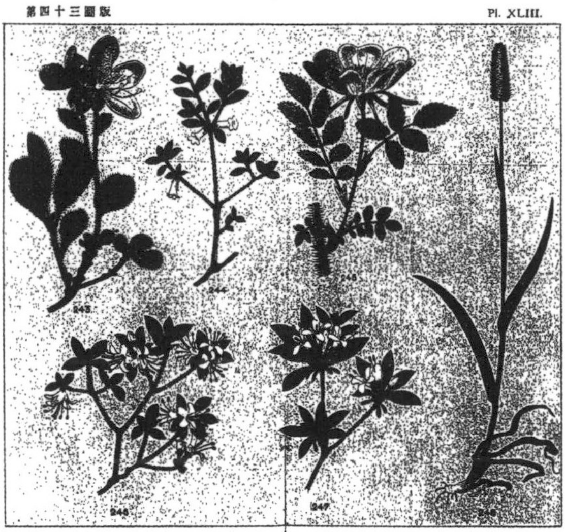

箱根米躑躅
（出自三好学、牧野富太郎合著《日本高山植物図譜》，
国立国会図書館デジタルコレクション）

三好學[1]與在下合著的《日本高山植物圖譜》第二卷的第四十三號插圖中。為了紀念博物學家田中芳男[2]的功勞，箱根米躑躅的種小名 Tanakae 取自其姓氏「田中」（Tanaka）而非箱根（Hakone），但這種植物絕對稱得上是箱根山的特產。

此外，箱根菊指的就是深山紺菊，這種植物雖然也分布於日光的野州，但在箱根的駒岳等地最常見。箱根菊是紫菀屬山白菊的一個變種，特徵是頭花下的總苞具有黏性，很容易辨認，葉片和莖也比較小且大多叢生，學名為 Aster trinervius *Roxb.* var. viscidulus *Makino*。剛開始我它歸類為 Aster maackii *Regel.*，後來經過進一步驗證，發現兩者並非同種，才改成了現在的學名。

前面羅列了許多種小名為 hakonensis 或 hakonense 地名的植物，其中的箱根莎草（Cyperus hakonensis *Franch, et Sav.*）有一個變種，叫做小箱根莎草（Var. vulcanicus *Franch, et Sav.*）。這個變種生長於箱根大地獄（大湧谷）的硫黃土地帶，最早採集到的人是薩瓦捷，後來我在明治十九年也有採集到。它生長在火山土壤中，因此學名加上了 vulcanicus（火山）一字。

這座大地獄有個有趣的現象，那就是這裡有過山龍（Lycopodium cernuum *L.*）。過

①三好學（一八六二—一九三九），日本植物學者。

②田中芳男（一八三八—一九一六），日本博物學者，被稱為「日本博物館之父」。

山龍一向廣泛分布於熱帶地區，在我國，則是從南方熱帶地區一路生長到溫帶地區。然而，箱根一帶已經太過偏北，氣候寒冷，通常這種地帶是長不出過山龍的，唯獨大地獄裡能見到它的蹤影，因為大地獄會噴發熱蒸氣、湧出熱水，溫度非常高。像這樣長出當地本來不該有的過山龍，是箱根非常有趣的現象。那麼其他地方有沒有類似的情況呢？信州的中房溫泉區也有過山龍，甚至在更遠、更北方的北海道膽振國登別溫泉區，也能找到它的蹤跡。不過，雖然溫泉區溫度較高，但北海道出現本為熱帶產的過山龍，實屬罕見。在一般地區無法生存的過山龍，選擇了溫暖的溫泉區掙扎求生，值得我們一看。

曾經有位植物學家在蘆之湯附近的地區，發現並採集到了一種小型的蕨類植物，那名植物學家就是大久保三郎。矢田部良吉為了紀念，便以大久保（Okubo）的姓氏當作這種蕨類植物的種小名，取了新學名 Polypodium okuboi *Yatabe*，另外也取了新和名「大久保蕨」（梳葉蕨），並在《植物學雜誌》第五卷第四十八號上刊登了圖解。時值明治二十四年[①]二月，當時的人們認為這種蕨類植物極為罕見，一時蔚為話題。直到幾年之後，植物學家在富士山大宮口密林的樹上也採集到這種蕨類，才知道箱根以外的地方也有這個物種。後來我進一步研究，發現這種蕨類與廣泛分布於東西半球熱帶地區的 Poly-

①西元一八九一年

podium trichomanoides *Swartz.* 是同一種。近年來，在四國和九州地區也陸續發現了這個物種，而那些生長在熱帶的蕨類，體型往往比箱根產的大得多，最後證明了箱根是此物種產地的最北端。然而，當時的博物局學者其實在明治十年，便於紀州牟婁郡地區發現了它，博物局不僅高喊「此發現實乃珍草」，還替它取了新和名「苔蕨」，又稱「南京蕨」、「蜈蚣蕨」、「姬子蕨」、「瓔珞蕨」，這項發現其實比大久保早了幾年。

另一樣罕見的蕨類植物是唐草蕨，學名為 Gymnogramme makinoi *Maxim.*，這是一種小型的蕨類，最早發現於土佐，後來在箱根也有見到它的蹤跡。還有一種蕨類是比塞特在宮之下採集到的，學名為 Nephrodium bissetianum *Baker*，由英國植物學家——約翰・吉爾伯特・貝克（John Gilbert Baker）命名，從形狀來看，它很有可能與忍蕨是同種。

箱根到富士地區有種特產的繖形科植物，叫做「深山人參」，學名為 Angelica florenti *Franch. et Sav.*。這是一種高度約三十公分的多年生草本植物，葉片細裂，花序呈繖形，整體形狀與白根人參（Cnidium ajanense *Drude.*）非常相似，兩者經常被混淆。然而箱根只有產深山人參，沒有白根人參，因此從前冠名「白根人參」的箱根特產全都必須改名「深山人參」。深山人參的果實具有翅膀，看這點就能立刻區分它與白根人參。再講仔細一點，深山人參的果實前後扁平，白根人參的果實則稍長，左右略微扁平。

看完了深山人參，接著在山中該留意的是立山菊。立山菊同樣主要分布於箱根，且大多生長在山中。它是紫菀屬的一種，花色潔白，葉片形態與大葉嫁菜相似，但大葉嫁菜的花沒有冠毛，所以一眼就能辨別，況且箱根山也不產大葉嫁菜。立山菊的葉片有分裂和不分裂這兩種形態，分裂與否隨植株而異，但一株上不會同時出現兩種葉形。立山菊的學名為 Aster dimorphophyllus *Franch. et Sav.*，種小名 dimorphophyllus 便是基於這種葉片形態命名的，意思是「二形葉」。

山中還有一種叫做「金空木」的落葉灌木，學名為 Stephanandra tanakae *Franch. et Sav.*。它的葉片三淺裂且有托葉，細碎的白色小花開在細長的枝端形成短穗。這種植物除了遍布富士一帶，更遠的上州和紀州也看得到它的蹤影，不過主要產地還是在箱根附近。箱根植物與田中芳男的關係十分密切，例如金空木的種小名 Tanakae 便是取自田中芳男的姓氏，這是因為田中芳男曾將他在箱根地區採集到的部分標本，送給了當時僑居在橫須賀的西醫師薩瓦捷，而薩瓦捷又將這些標本轉交給了學名命名者弗朗謝，為尊重田中，弗朗謝便以田中的姓氏當作種小名。此外，田中也將部分標本送給了俄國植物學家馬克西莫維奇，而馬克西莫維奇也出於對田中的敬意，像前面提過的箱根米躑躅一樣，以田中的姓氏當作種小名。

雁皮紙與箱根的關聯，在於製作雁皮紙的原料植物產於箱根。然而，真正製作雁皮紙的原料都是來自伊豆地區，箱根只是有產這種原料植物而已。原本製造雁皮紙的原料植物便有兩種，兩種都屬於瑞香科。其中一種是雁皮（Wikstroemia sikokiana *Franch. et Sav.*），這種植物並未分布於箱根一帶，而是產於四國。另一種是櫻雁皮，別名「姬雁皮」，學名為 Wikstroemia pauciflora *Franch. et Sav.*，這就是箱根所產的物種，也分布於南方的伊豆熱海地區。它屬於小型灌木，葉子上有細毛，冬季落葉，花形如丁香，四裂，呈黃色，樹皮的纖維非常細緻又堅韌，因此可製作出優質的紙張。

有一種叫做「葦草」的禾本科植物，主要產地也在箱根，學名是 Phragmites macer *Munro.*，花店稱之為「裏葉草」，當作盆栽種植。這是一種多年生草本植物，所有葉子都是正面朝著地上，背面朝向天空，因此「裏葉草」一名對這種植物而言真是再貼切不過。它的葉子是上下顛倒的，真正的背面朝向上方，總是對著天空曬太陽，因此葉綠素很豐富，而真正的正面則朝著地上，導致顏色比較淺。類似的例子還有同樣產自箱根的姬野刈安（Calamagrostis hakonensis *Franch. et Sav.*），它的葉子也有一樣的特徵。拂子茅屬（*Calamagrostis*）的各種植物葉片往往都有上述的這種現象，而分布於四國和中國一帶的顯子草（Phaenosperma globosum *Maxim.*）葉片也是一個典型例子。

另外，箱根還有一種值得留意的植物——高山繡線菊。這是粉花繡線菊的一個變種，葉子比母種粉花繡線菊來得小，學名為 Spiraea japonica *L. fil.* var. alpina *Maxim.*。此外也有不少與箱根地緣深厚的植物，例如報春花科的小岩櫻（Primula reinii *Franch. et Sav.*）、鳶尾科的姬著莪（Iris gracilipes *A. Gray.*）、蘭科的尾上蘭（Orchis chondradenia *Makino*）、岩梅科的姬岩鏡（Schizocodon soldanelloides *Sieb. et Zucc.* var. ilicifolius *Makino*）等等。

另外，在箱根權現神社的森林中還有一種野生植物，叫做「野春菊」，別名「深山嫁菜」。野春菊一般都是種在家裡，用途是賞花，但在箱根卻是野生的。這種植物是日本的特產，學名為 Aster savatieri *Makino*，東京人習慣稱之為「東菊」，但此東菊並非植物學界所指的東菊（Erigeron thunbergii）。

另外，我在箱根宿西端一帶還見過一種叫做「五葉木通」的植物，它是木通與三葉木通自然雜交出來的混種，雖不是箱根的特有種卻很有意思，它的葉子一般有四到五片小葉，葉片大小差異懸殊，葉緣往往具有波浪狀的鋸齒，不論是花穗大小、花朵體積和顏色等等，都介於木通與三葉木通之間，一看就知道是這兩種植物交配出來的混種。像這樣自然誕生的混種並不常見，幸虧這個物種如上述兼具母種的形態特徵，這對於研究此方面生態的植物學家而言，是非常具有價值的材料。

在山中，還能見到人稱「岩南天」的小型灌木，這是杜鵑花科的一種，與山中廣泛分布的灌木「嚏木」為同一屬。岩南天是常綠植物，葉子在整個冬季都不會凋落，一般生長在岩石上，枝條下垂，葉子的排列方式宛如南天竹的葉片，因此得名「岩南天」。岩南天當作盆栽十分風雅，是植物愛好者家中常見的一員。嚏木則會在冬季落葉，它的花朵很小，缺乏觀賞價值，葉子會產生粉塵，吸入鼻子後容易打噴嚏，因此人稱「嚏木」（はなひりのき，「はなひり」為噴嚏的古語）。這兩種植物都不是箱根特有的，卻廣泛生長於山中，令植物採集家眼睛發亮。

箱根山中最茂盛的植物是芒草，不論是隆起的山頭、曲折的峽谷，幾乎到處都可以見到它的蹤影。最後簡單介紹一下箱根的名產「挽物」，這是將山毛櫸木、赤垂木、日本楓木、朴樹、日本七葉樹等木材刨碎後拼出紋路，做成盒子、托盤、碟子、玩具等形式的工藝品。伊豆熱海也有相同的傳統工藝。

⊙ 牧野富太郎爬過的山

箱根山，見76頁

〔富士山、小室山〕

漫談分割火山

人們都說「新年新希望」，當然我也不例外，畢竟一個失去希望的人，即便還活著也跟死了沒兩樣。假設有人問我的願望是什麼，我會大致列出以下清單。不過還請各位明白，這只是我願望中的九牛一毛而已。看來牧野離進瘋人院的日子已經不遠了啊！

・幫富士山整容

我的願望之一是讓富士山變得更美。遙望富士山的時候，人人都會發現東側有一塊突起來，那便是寶永山。人臉一旦長了瘤就不好看，富士山也因為這顆瘤而變得不漂亮。其實以前是沒有寶永山這顆瘤的，直到兩百三十年前寶永四年①才突然冒出來。如此想

①西元一七〇七年

來，在瘤長出來之前富士山的模樣一定更美，不幸的是冒出了這鬼東西，有礙觀瞻。

因此，我想剷除寶永山，讓富士山美麗如初。方法很簡單，寶永山這顆瘤原本就是富士山側面的碎石與岩塊，因為火山爆發噴飛到底下所堆積而成的，相對的爆炸口則凹陷了一個大洞，所以只需將寶永山的碎石與岩塊填回大洞就行了。這麼一來，不僅能不著痕跡地剷除腫瘤，還能弭平凹洞，富士山就會變得端正優雅。人都是喜歡美麗勝過醜陋的，相信大家都會贊成我的這個計畫，不會有人反對才是。

近年來美容大行其道，各地都有開設美容院。如今這時代，不僅女子，很多男士也會光顧美容院，因此我們也該將心比心，幫富士山動一下流行的美容手術，讓世人大吃一驚，這樣不是很有意思嗎？既然要做，就要做得驚天動地，否則世人會笑話我的。這個主意很不錯吧？

但要實現這個願望，還須孔方兄鼎力相助。倘若我像三井①、岩崎②等財閥一樣富可敵國，我一定會實踐這個心願，可悲的是人各有命，我窮得就像個乞丐，恐怕再怎麼作夢，一輩子都無法實現這個理想。既然如此，這個好主意便留給後世願意慷慨解囊的富翁吧。

①指三井高利（一六二二—一六九四），日本江戶時期商人，三井財閥的奠基者。

②指岩崎彌太郎（一八三五—一八八五），日本明治時代商人，三菱財閥的奠基者。

・把山一分為二

我的下一個願望是將一座山劈成兩半，並把其中一半的岩塊都清理掉，換言之就是只留下半座山。大型的山不太可能做到這點，因此最好選擇小而獨立的山，例如伊豆的小室山就很合適。若是小室山，可行性便很高，而且它是一座休火山，如此更好。

假設小室山已被劈成了兩半，由於它本身是座火山，剖開後便能清楚觀察到山體的構造和組成，為火山學、岩石學、地質學等領域提供極佳的研究材料。著名的爪哇喀拉喀托火山①因為爆炸而噴飛了大半，我的心願就跟那差不多，只是喀拉喀托火山是基於強烈的自然爆發，我則是想透過人力來實現這個願望。迄今放眼全世界，還沒有人做過這種創舉，倘若日本人為了學術研究而願意挑戰，肯定能成為一樁佳話。

哎，真希望有人能試一試，我相信屆時無論是日本人還是來自西方的遊客，都會紛紛前去參觀奇景。只要口碑傳開來、名揚四海，各國學者也會相繼前來取經，場面必然十分熱鬧。屆時再修建一條鐵道支線，鐵道省就會財源滾滾，觀光局的官員也會容光煥

①喀拉喀托火山（Krakatau）位於印度尼西亞巽他海峽中，原高八一三公尺，在一八八三年的大爆發中，高度減到三三八公尺。

發。有了這座被劈成兩半的山，外來遊客便會將錢潮引進日本，使國庫充盈。天底下還有比這更棒的妙計嗎？更何況把崩塌的土堆、岩塊和碎石填進附近的海域，還能造出數百公頃的海埔新生地，如此划算的事世間少有，試試看肯定很有意思。

・再經歷一次大地震

下一個願望有點可怕——我希望再經歷一次大正十二年九月一日那樣的大地震①。

當年地震時，我正在東京澀谷的家裡，坐在八張榻榻米大的客廳中央（那天很熱，我打了赤膊，在看植物標本）感受地牛翻身，心想不知會震到什麼程度。搖晃趨緩後，我剛走進院子裡就發現地震結束了，內心有些失落。感受地牛翻身時，我因為房子嘎吱作響而只顧著看建築物搖晃，反倒是對體感震度沒什麼印象。照理說地面忽左忽右迅速晃動了十幾公分，我應該要記得很清楚才對，但我卻想不起來了，此事一直令我感到相當遺憾。

所以，我希望再經歷一次那樣的地震，體驗地牛翻身的感覺。不過，將來我也未必

①西元一九二三年的關東大地震。

就遇不到大地震，因此談失望還太早了。說不定現在相模灣的海底，地牛就已經在醞釀翻身了。

・富士山大爆發

話題拉回富士山，其實我很期待富士山再大爆發一次。

眾所周知，富士山是一座火山，於史前時代經常爆發，但有史以來爆發頻率便減少許多。如今富士山總是靜悄悄的，一聲也不吭，但富士山畢竟是一座火山，誰能保證哪天不會突然火冒三丈呢？但若只是啵啵兩聲爆一下下，那就太沒意思了。假使能夠來場大爆發，滾滾岩漿從整面山上流下來，一定壯觀得不得了，試想一下，夜裡從遠方眺望，遭岩漿淹沒的富士山自黑暗中浮現出火紅光影，那肯定會是一幅壯麗奇景。

這才是我想看的大場面。所以，我一直暗中希望富士山能在不危害山下百姓的情況下來場大爆發，我甚至還向富士山的女神——木花咲耶姫①許願，祈求一生中能目睹一次，這樣一來我必定死而無憾，可以滿心歡喜地踏上冥土了。

①木花咲耶姫：コノハナノサクヤビメ，日本神道認為木花咲耶姫是富士山的女神和櫻花之神，傳說她能護佑富士山不噴發。

⊙ 牧野富太郎爬過的山

富士山

所在地：山梨縣、靜岡縣

海拔：三七七六公尺

富士山是日本第一高峰，從任何方向望去都是均勻美麗的圓錐形，一年四季皆賞心悅目。富士山是典型的複式火山，頂部有一道深約兩百二十公尺的火口，西南側則有最高點劍峰。富士山曾多次噴發，又是獨立峰，因此孕育出不少獨特的高山植物。山上的常見植物中，許多都是以「富士」命名，例如富士薊、富士薔薇等等。〔地圖㉑〕

小室山

所在地：靜岡縣

海拔：三二一公尺

小室山是位於伊豆半島東部的一座小型火山，在大約一萬五千年前，因火山爆發所產生的火山渣（岩漿噴發後急速冷卻所形成的岩塊，為黑色的玄武岩質浮石）降落在火口附近堆積而成，屬於火山渣錐。山頂設有步道，可眺望富士山、相模灣、房總半島、伊豆七島和天城連山等景觀。山頂周邊和西北山麓的小室山公園種植了山茶花和杜鵑花，春天時風景美不勝收。〔地圖㉘〕

〔富士山〕

登富士觀植物

富士山到史前時代都持續在噴火，偶爾會大規模爆發。長久以來，這座山始終耐著性子，默默地持續噴火，但難免也會像人類生氣一樣火光沖天。那時流出的岩漿在富士山的一面凝固，痕跡至今仍然清楚可見。富士山便這麼在漫長歲月裡悠悠噴火，不斷冒出岩漿，日積月累後形成了今日從任何角度看去都壯麗無比的圓錐狀高山。

日本邁入歷史時代以後，富士山的火山活動便減弱許多，儘管沒有完全停止噴發，但隨著一年年過去，富士山的烈火終究是平息了。根據歷史記載，富士山是在孝靈天皇①時代一夜之間冒出來的，我認為這根本是無稽之談。應該是當時的爆發太猛烈，令東海天崩地裂，改變了富士山的原貌，才會有此一說。畢竟當時民智未開，興許是人們太過驚訝了，才說富士山是一夜之間冒出來的。相較之下，鄰近的箱根火山在很久以前便

①孝靈天皇（西元前三四二—西元前二一五）為日本第七代天皇。

就停止噴發，富士山則晚了許久才平息，因此富士山是一座相對年輕的山，由於是新生山，植物種類也比較少。富士山是世界著名的高山，它的秀麗山容不僅在三國（日本、中國、印度）享有盛譽，放眼全球也是獨一無二。但正如前面所說的，富士山長期處於火山活動中，三不五時就會冒出岩漿、噴出滾燙的岩石，導致山的表面不斷改變，因此與其他高山相比，富士山的植物少了許多。富士山也缺乏高山該有的植物，不僅沒有偃松，也沒有岩高蘭。許多高山上都有岩雷鳥棲息，也有綿延的偃松林。而岩高蘭是一種常綠灌木，在其他高山上也很常見，唯獨富士山上卻找不到。從這些方面來看，也能得知富士山是一座比較年輕的山。

人們說富士山是「四面玲瓏、八朵芙蓉」①，它的山型十分單純，因此植被帶也分布得非常規律，都是井然有序地環繞山的周圍生長。若要觀察植被帶，富士山是最好的選擇，其他山在這一點上都遠不及富士山。接著來談一下植被帶，首先山腳地區一般稱為「山麓帶」，生長的大多是普通的草。稍微往上爬便進入森林帶，那裡有大量的冷杉類植物，形成茂密的森林。再往上便是灌木帶，富士山的灌木帶有深山榿木、岳樺等等。再往上就是草本帶，有叢生的高山植物。再往上就看不見一般的植物了，只剩下地衣和

①四面玲瓏，是形容富士山不管從哪個角度觀看，都是相同的樣貌；而因為富士山頂火山口周邊，共有八座山峰，故稱為八朵芙蓉。

苔蘚類而已。尋常草木只分布到上述的草本帶為止，但地衣和苔蘚類卻會一直生長到山頂。畢竟地衣和苔蘚也算是植物的一員，因此我們可以說富士山頂沒有尋常草木，但絕不能說富士山頂沒有植物。正因為富士山的植被帶分布非常規律，想做這方面研究的人不妨先爬富士山。

從植被帶的分布來看，富士山確實相當標準，但從植物繁殖的角度來看，它與其他高山一樣，北側比南側更適合植物繁殖。富士山北側向陰，因此植物比南側更豐富。以上就是富士山植被的概況。

接著從植物種類的分布來看，與眾多高山相比，富士山的植物種類並不特別，其他地方的植物既可以在富士山上找到，富士山上的植物也可以在其他山上找到。當然，相較於九州邊緣或北海道盡頭等極端地區的山，富士山不同種類的植物確實不少，但與附近的山，或是信州、野州的山等相比，不同種類的植物就少很多了。不過，這並不是說富士山上絕對沒有特有種，其中有些物種也生長在富士山隔壁的箱根山，但在遠離富士山的其他山上便找不到。總體來說，富士山到近期都還持續噴火，所以山體相對年輕，又雄偉高聳，植物種類卻很少。不過，所謂數量很少畢竟是與眾多高山相比的結果，富士山上還是有各種高山植物的。

現在我們來談談富士山上特別值得留意的植物。首先，富士山有一種在日本其他地方都找不到的植物，叫做「紫木綿蔓」。這是黃耆的一種，黃耆是中國的草藥，紫木綿蔓因為與黃耆相似，素來有「富士黃耆」的別名。它是一種豆科植物，生長在沙中，根部通常很大，葉片呈羽狀，紫色花朵開在翠綠葉片間，非常漂亮，當作園藝植物栽培應該不錯。這種植物在西伯利亞地區也找得到，並非日本的特有種，但在日本領土除了富士山以外都見不著它的蹤影。

接下來要留意的植物是富士薊。這個物種不僅是日本薊中體型最大的，在世界各地也算大型種之一。它的花直徑可達六公分，葉片大而厚實、帶刺，朝四面八方伸展的模樣雄壯無比，根又叫「富士牛蒡」，挖出來可以食用。這種薊除了生長在富士山，也分布於日光和信州，但它並非一般的薊，而是很罕見的種類，高大的身軀與富士山可謂相得益彰。

齒葉南芥生長在馬返一帶到六合目①之間的沙地上。這是一種旗竿芥屬②的植物，雖然花並不特別漂亮，但除了富士山以外便很少見，做成盆栽應該很不錯。

①「合目」是日本傳統計算山高的單位，把一座山的高度平均分成十份，每一份即為一「合」，「目」代表序數。富士山由山腳至山頂共分為十合，半山腰稱為五合目，由五合目再往上攀登，便是六合目、七合目，直至山頂的十合目。

②應為筷子芥屬

另外還有一種叫做「御蔘」的植物。它是蔘科的一員，生命力非常強韌，可以長到四、五合目一帶。在植物學上它有一個很有趣的地方——根部非常長。為什麼根會這麼長呢？因為山上的營養稀少，必須延長根部以吸取更多養分。而且高山上風勢強勁，如果根不扎實恐怕會被吹走，因此它的根扎得既深又牢固。此外，高山冬天下雪會非常寒冷，為了維持生命，勢必得儲存大量的養分。因此，這種植物的根會延展得很長，甚至超過三公尺，一路深入地底。記得登山時要特別留意這點，除了觀察表面，也要挖掘植物的根檢查、仔細端詳一番，這樣不僅有趣也會很有收穫。

苔桃在富士山上也很常見。這是一種非常矮小的灌木，在冬天也有葉子，還會結紅色的果實。當地人會採它的果實鹽漬並食用，也會製成果醬、羊羹來販售。苔桃有個別稱叫做「濱梨」，但它明明生長在山上而非海濱，卻冠名「濱」字，不是很奇怪嗎？然而仔細想想，像富士山這樣的高山往往有很多碎石，景象確實很像海濱，連加賀的白山頂峰也有叫「御濱」的地方，所以大概是苔桃生長在富士山的碎石地，果實又多汁柔軟，便有了「濱梨」這個別稱吧。這種植物不僅限於日本，在世界各地的高山上都可以找到，是一種廣泛分布於世界的物種。

另外一種是日本草莓，這種草莓會開白花，為西方草莓屬中的日本特有種。經過園藝家改良之後，結出的果實不僅甘甜，還有股香氣，雖然形狀不大，但顏色、滋味和香氣都很棒，令人愛不釋手。而且日本草莓很適合種在庭院，開的花就像梅花，非常可愛。人們在爬山的時候，應該要盡可能以學術眼光來觀察它。

富士松（日本落葉松）是一種人盡皆知的落葉松，以學術眼光觀察的話同樣很有意思。這種松樹總會先長在因土石流失而地表裸露的區域，因此只要看到富士山下長了落葉松，就證明這裡曾經崩塌過，令森林變得光禿禿的。倘若看到富士松林，感想卻只是這裡有片松林，那可多沒意思，應該要懂得考察，知道這裡曾經發生過山崩或森林大火，導致山體裸露。換句話說，只要在森林中看到落葉松，就要明白這裡曾經光禿禿的。

接下來是高嶺薔薇。這是薔薇的一種，花朵非常嬌豔，在其他地方很少看到，但在富士山卻很常見。這種薔薇非常適合園藝栽培，儘管目前大眾尚未將它用於園藝上，不過一旦摘來栽培成園藝植物，肯定很有意思。

再來是富士櫻，又稱「豆櫻」。這種櫻花已經移植到東京一帶，開出的花很燦爛，五月左右爬富士山的話，就會看到富士櫻盛開的壯觀美景。富士櫻有一個變種，花萼完全是綠色的，這是由御殿場實業學校的校長——山出半次郎發現的珍貴物種，我將它命名為「綠櫻」，又稱「綠萼櫻」，並向世人發表。學名 Prunus incisa *Yamadei* 則是取自山出（yamade）的姓氏（發表於我創辦的《植物研究雜誌》中）。

富士薔薇也是我命名的，這種植物會開白色的花，莖的直徑可達三公分左右。箱根有許多富士薔薇，但富士山的產量最為豐富，因此我為它取名為「富士薔薇」。

富士弟切是富士山特有的物種，會開可愛的黃色花朵。這是一種常見的金絲桃，成叢生長。一般的金絲桃隨處可見，它的名字有一個典故。傳說很久以前，有位馴鷹師知道這種草能飼育老鷹，便把配方私藏起來，可是他的弟弟卻將祕方洩露給他人，哥哥一怒之下就砍死了弟弟，金絲桃從此有了「弟切草」之名。

此外，富士山還有一種叫做「草蓯蓉」的植物，這種植物具有藥用價值，在富士地區買得到，別名「金精茸」。它不僅生長在富士山，也大量分布於野州日光的金精峠。「金精峠」之名來自於當地供奉了一尊象徵男性生殖器的金精大明神，而草蓯蓉就長在這座山上，人們遂取「金精神茸」之意，將它命名為「金精茸」。這種植物大量生長在深山榿木林中，寄生在深山榿木的樹根上，長度可達三十公分左右。古代的本草學家曾將它與肉蓯蓉（中國的植物）混淆，但現在已知兩者是完全不同的植物。據說貓非常喜歡肉蓯蓉，大家都知道貓喜歡木天蓼，卻鮮少有人知道貓也喜歡肉蓯蓉。有人聲稱這種植物對人類有療效，但到底有什麼效果尚不得而知。草蓯蓉並非日本的特產，在西伯利亞地區也有分布。

⊙ 牧野富太郎爬過的山

富士山，見98頁

〔立山〕

越中立山的胡枝子

越中立山登山道的立山溫泉前有一株胡枝子，前幾年我在它盛開的時候，當場幫它取了個新名字「立山胡枝子」。那胡枝子的花實在是開得太美、太燦爛了，於是我文思泉湧，寫了首詩來紀念它：

立山胡枝子，嬌麗若天使。一朝繁花開，秋色正濃時。
（立山の萩の本種麗わしく、咲き誇りたる立山の秋このハギ）

我將這株胡枝子的苗從立山採下，帶回東京東大泉町自家的庭院裡栽種，但它並未茁壯，最後枯萎了。於是我又請住在越中富山的朋友進野久五郎①，採了一株寄給我，

①進野久五郎（一九〇〇—一九八四），日本植物學者。

但還是枯死了，沒有繁殖成功，實在令人遺憾。

⊙牧野富太郎爬過的山

立山
所在地：富山縣
海拔：三〇一五公尺

立山別名「大汝山」，一般稱呼「立山」時，指的是雄山神社所座落的雄山，或是指涵蓋淨土山、雄山、別山這三座山的立山三山。立山和白山一樣都是北陸的神山，自古備受百姓崇敬。位於雄山西北山腰的山崎圈谷（冰河地形的一種）為天然紀念物①，山上有許多冠名「立山」的高山植物，還有特別天然紀念物岩雷鳥、日本髭羚棲息，自然生態相當豐富。〔地圖⑲〕

①天然記念物「立山の山崎圈谷」

〔金精峠、立山、白山、御嶽山等〕

聊高山植物

日本旅行協會邀請我寫一篇通俗易懂的文章聊聊高山植物，但這段期間我遇到許多事情，始終無暇處理。如今我後悔莫及，只能利用一點時間匆匆寫下拙文一篇，以兌現承諾。然而內容粗鄙，若是傷了大家的眼，還請見諒。

・駒草（罌粟科）

駒草是一種可愛的宿根草，生長在高山的碎石地，在草叢裡是見不到的。它的葉片細裂，呈白綠色，非常顯眼，花軸比葉片高，末端開出數朵花，花的模樣宛如釣鯛魚一般，色澤鮮紅且十分優雅。以前這種草曾大量分布於御嶽，是信州御嶽的名產，但現在幾乎都被採集殆盡了。御嶽山上的神社稱其為「御駒草」，會將曬乾的駒草當作神草，發給參拜者，如今卻不得不從其他山上引進。駒草的形狀和顏色都與普通花草不同，非常罕見，因此過去神社才會恭畢敬地將它奉為神草，讓信徒們帶回去吧？這好像是御嶽特有的產品，其他山上都沒有，信徒只須奉上少許香油錢便可獲得，但聽說沒有任何藥效。低海拔地區也有一種叫做「華鬘草」的植物，漢名為「荷包牡丹」，有些地方的人也叫它「鯛釣草」。駒草與它同屬，因此兩者的花形、顏色與整體感覺都非常相似。

以往駒草是很難栽培的植物，如今已經能種成盆栽，也會開花。

・姬薄雪草／深山薄雪草（菊科）

姬薄雪草是一種分布於高山上的宿根草，植株矮小，只有數公分高，通常聚在一處生長，整體覆蓋著一層白毛，顏色雪白，在綠草間格外耀眼，莖上會長稀疏的葉片，花朵集中在莖頂，向四周開展的苞葉比花群還要長。由於這種草與歐洲阿爾卑斯山大名鼎鼎的歐洲薄雪草相似，因此特別引人注目。

・車百合（百合科）

日本百合種類豐富，舉世聞名，其中一種叫做「車百合」，它生長在高山，葉片排列於莖上宛如車輪，因此得名。車百合的莖高度大約三十公分，有些可以長到六十公分以上，地底下的球根由許多白色鱗片組成，結成一團。花朵位於莖梢，至少開一朵花，多則開數朵花，皆朝下綻放，有六片紅色花被片，花被內散布著黑色斑點，於綠草間盛開時，所有人都會注意到這種紅花，忍不住想採回家。

・黑百合（百合科）

黑百合有一則古老的傳說，相傳這種花與統治越中的佐佐成政①有關，象徵著佐佐家的滅亡，不過這應該只是稗官野史罷了。這種植物的名字裡有「百合」，模樣又與百合相似，實際上卻不是百合，而是完全不同屬的植物。百合是百合屬（Lilium），黑百合是貝母屬（Fritillaria），不過兩者依然是親近的姊妹種。黑百合與花店常賣的浙貝母

①佐佐成政（？—一五八八年），日本戰國時代至安土桃山時代的武將、大名。佐佐成政的側室因嫉妒其愛妾早百合，趁他外出打仗時誣陷早百合與人密約。當佐佐成政回來時聽到這個流言，便下令處罰了早百合。據傳，早百合帶著怨念離開前留下了「當黑百合綻放於立山時，就是佐佐成政滅亡的日子」的遺言。

是同屬植物，儘管顏色相異，但比較兩者的花朵，就會發現有許多相似之處。黑百合也有像百合一樣的白色地下球根，可以分裂成好幾塊並長出新苗，花朵與百合一樣，由六片花被組成，顏色是黯沉的深紫色，所以人稱「黑百合」，不代表它真的是黑色，葉片形狀也與百合相似，底部的葉子輪生於莖上。

‧白花石楠花（杜鵑花科）

白花石楠花又叫「白山石楠花」，得名於加賀的白山，不過實際上它不僅生長在白山，各地高山上幾乎都有它的蹤影。名稱中的「白花」兩字是相較於一般紅色杜鵑花而來，不代表它的花是純白色。通常它的花多少帶有一點粉紅，花色有深有淺，深色的會很接近紅色，看了不禁令人對它的白花之名感到不解，但就如前面所說的，那只是與一般紅色杜鵑花相比之下的名稱。這種植物是灌木，有許多分枝，樹姿渾圓，枝端有常綠葉片輪生，每到花期，花朵就會在葉片中央成簇盛開。當它整株開滿花時，登山客總會因為它壯觀的花海而讚歎不已。普通杜鵑花也生長在高山上，但海拔通常不及白花石楠花，因此從山下往上爬時，會先經過普通杜鵑花，之後才會看到白花石楠花。

・裏白樅與白檜曾（松科）

爬高山時經常可以看到冷杉，這種樹在高山景觀中扮演著很重要的角色。冷杉都是喬木，但高海拔地區的冷杉通常比較矮，有些高度甚至只到肩膀。它們的樹枝為輪生，常綠葉片呈兩列密生於樹枝上，樹上會結長橢圓形的淺紫色毬果，毬果成群矗立在枝椏上，令人深刻感受到深山的氛圍，這可是在低海拔地區看不到的風景。裏白樅與白檜曾非常相似，差別在於白檜曾（別名「白檜」、「龍髯」）的樹枝上有褐色短毛，裏白樅（別名「日光冷杉」、「日光樅」）則沒有，只要記住這兩點，在山上就能立刻辨別它們。日本北部還有一種相似的樹種，叫做「大白檜曾」，與白檜曾就像一個模子刻出來的。

・偃松（松科）

挑戰高峰的登山客肯定都見過覆蓋整座山的綿延偃松林。偃松的樹枝縱橫交錯，樹幹也不是直挺挺的，所以很難分辨出植株之間的界線。它的葉子與一般松樹不同，為五針一束，長度較短，洋紅色的雄花穗叢生在樹枝上，會散出黃色花粉，毬果則呈卵形，鱗片間有種子。岩雷鳥喜歡棲息在偃松上，因此很多人認識這種松樹。

・白樺、岳樺（樺木科）

白樺是一種喬木，因為樹皮是白色的，因此得名。白樺在城鎮裡是看不到的，剛入山的人一見到那雪白的樹皮，應該都會有種置身深山的感動。它的葉子像三角形，容易隨風搖擺，果穗下垂。

岳樺的樹皮呈茶色，與白樺相比，分布的海拔較高，甚至可以長到山頂。它的葉子像三角形但有弧度，葉緣有尖銳的鋸齒，果穗牢牢挺立在樹枝上，不像白樺果穗是下垂。

・草蓯蓉（列當科）

草蓯蓉是一種寄生在深山榛木根部的植物，而深山榛木分布於高山。它的地下莖埋在土壤中，直立粗壯的莖則伸出地面，呈黃色，頂端叢生著暗紫色的花朵，每朵花都有淺黃色苞片。

過去人們曾誤以為這種植物是中國的肉蓯蓉（ニクジュヨウ），「草蓯蓉」（オニク、御肉）一名便是從肉蓯蓉演變而來，但它並不是肉蓯蓉。肉蓯蓉是一種壯陽藥材，以前人們誤以為草蓯蓉是肉蓯蓉，認為它可以壯陽，不過現在應該也還有人相信它具有療效。

草蓯蓉還有一個別名「金精茸」（キモラダケ），意同「金精神茸」（キンマラダケ）。下野日光的金精峠供奉著一尊石造的金精大明神像，應該是這種植物也生長於金精峠，才有了這個名稱。而金精茸又有另一個別名「莖茸」（キマラダケ），據說這是將「陰莖像」（オキマラ）的「オ」省略，留下「キマラ」而來。陰莖像就是陽具雕像，在古代是以木頭刻成，人們會駕車載著大型陽具雕像於村中巡迴，結束後安放在村莊與村莊的交界處。

・信濃金梅（毛茛科）

有一種叫做「金梅草」的植物，生長在近江的伊吹山等地，它的花呈耀眼的金黃色，開花時像梅花一樣非常漂亮，因而得名。信州一帶與其他高山地區還有一種植物叫「信濃金梅」，這個和名是我取的，意思是「信濃的金梅草」，為金梅草的姊妹種。它的葉片分裂呈掌狀，光是葉子便很風雅，莖稈挺立，莖頂開花，模樣與金梅草十分相像，黃色花瓣狀的結構實際上是萼片，用以代替花瓣。那麼真正的花瓣在哪呢？花瓣在花的中央，變成一絲絲的條片，一般人根本不會以為那是花瓣。金梅草的變形花瓣比雄蕊還要長，而信濃金梅的變形花瓣則與雄蕊幾乎等長，明白這一點就可以輕鬆區別兩者。它是多年生草本植物，在高山上並不罕見。

・長之助草（薔薇科）

之所以稱為「長之助草」，是因為在日本，這是一位叫須川長之助的人在越中立山發現的，為了紀念他，我便以他的姓氏來命名並發表。長之助草分布於高山地區，在地面匍匐蔓延，莖為木質，葉片有鋸齒，看起來就像是縮小版的槲樹葉，背面白白的，葉面上有皺紋，花形很像梅花，有八片白色花瓣，盛開時非常漂亮。有人認為長之助草既然是木本植物，就不該叫「長之助草」，應該改名叫「山車」。那人將「長之助草」這名字嫌棄得一文不值，企圖把自己命名的「山車」推廣出去，簡直愚不可及。就算長之助草在植物學上屬於灌木，整體外觀也更像草，俗稱「草」並無任何問題。更何況「長之助草」這個名稱是為了紀念發現者而命名的，為了宣傳自己後來才取的名字，不惜抹煞早就有的紀念性名稱，實在不可取。而且一直以來，大家也不覺得「長之助草」這名字有哪裡奇怪，大可不必為了某人的圖謀不軌而改名。甚至也有西方學者在自己的植物學著作中，將長之助草歸類為「草」，強調這是一種莖為木質的多年生草本植物。若它像樹一樣直挺挺的一看就是樹木，那還有討論空間，但既然它長得像草，當然可以維持原本的名字。和名畢竟只是俗稱，只要看起來像草就沒什麼好爭論的。若要堅持這種論述，試問一下，唇形科中的白木草呢？白木草可以長到六十公分，甚至是一公尺，豈非灌木？還有額紫陽花呢？額紫陽花可以長到一公尺多、將近兩公尺，豈非灌木？所以說人不該固執己見，腦袋要靈活一點。

・岩高蘭（岩高蘭科）

岩高蘭在日本叫做「ガンコウラン」，漢字寫作「岩高蘭」，但這漢字取得是否正確，無人知曉，也許只是隨意抓幾個漢字充當罷了。岩高蘭是一種常綠灌木，分布於高山上，在地面匍匐叢生的模樣彷彿鋪了一張厚厚的毯子。它的樹有分雌雄，雄株會早早開花，紅色的雄蕊長而突出，非常美麗。雌株在葉間會結出圓形的黑色果實，可食用，據說熊很喜歡吃這個，滋味酸酸甜甜的。它的葉子很細，密密麻麻地生長在樹枝上，十分風雅，因此這種植物經常用於盆栽，而且存活率也不低。

⊙ 牧野富太郎爬過的山

金精峠
所在地：栃木縣、群馬縣
海拔：二〇二四公尺

金精峠位於栃木縣日光市和群馬縣片品村的交界處，屬於日光國立公園，四周有白根山、男體山等高山環繞。一九六五年，山下的金精道路（國道一百二十號線）通車，這條路是「日本浪漫公路」①的一部分，但由於積雪較多，冬季會封閉。山頂有金精神社，這也是此山的名稱由來。金精神社供奉著一尊陽具造型的金精神石像，人們相信祂能保佑多子多孫、安產、家族繁盛。〔地圖⑬〕

白山

所在地：石川縣、岐阜縣

海拔：二七〇二公尺

白山由主峰——御前峰、大汝峰、劍峰這三座峰所組成，山頂有十七世紀還在噴發的火山遺跡，造就了翠池、千蛇池等七個火口湖。顧名思義，白山的雪量非常豐富，自古便是百姓崇敬的水源之山。白山也以高山植物寶庫而聞名，大約有三十種植物的和名或學名都是以白山命名，偃松樹海與日本山毛櫸原生林也教人歎為觀止。〔地圖⑳〕

御嶽山

所在地：長野縣

①ロマンチック街道，日本效仿德國「浪漫之路」（Romantische Straße）而成，全長約三百二十公里，橫跨栃木縣、群馬縣與長野縣。

海拔：三〇六七公尺

御嶽山（御岳山）與富士山、白山齊名，備受百姓崇敬，曾出現在曲調惆悵的日本民謠《木曾節》中。御嶽山為錐狀的複式火山，經歷過多次爆發，一九七九年，地獄谷突然冒出了新的火山口，二〇一四年九月二十七日再度爆發，造成了重大傷亡，令人記憶猶新。海拔一千五百公尺至兩千五百公尺一帶，有天然的日本扁柏、日本米栂、日本落葉松等樹種組成的美麗森林，位於七合目的田原自然公園（海拔二一八〇公尺）裡則有黑百合、小梅蕙草、岩鏡等高山植物爭奇鬥豔。〔地圖㉔〕

立山，見109頁

伊吹山，見163頁

〔白馬岳、八岳〕

採集山草

・白馬岳的花海

我爬過許多高山，以日光地區來說，女峰和男體山地處外圍，高山植物偏少，白根山的高山植物就很豐富了。八岳是一座很好爬的高山，山上有八岳葎、疏葉珠蕨等高山植物，這些在日本都只分布於八岳。髭針管等物種雖然不適合觀賞，但在植物學上卻很珍貴，而且也只生長在八岳。如果想學習高山植物的知識，不妨到信州爬白馬岳，從東京出發的話，可從上野車站搭乘開往長野的火車，抵達篠井車站後轉乘開往松本的火車，然後於明科車站下車。沿途會經過其他名勝，但總之要在這一站下車，接著搭馬車向北行駛二十多公里，抵達大町。從大町沿著通往越後糸魚川的路，再搭馬車二十多公里，就會來到北城驛站。北城村位於白馬岳的山麓，雇個嚮導立刻就能開始爬山。白馬岳的半山腰稱為「白馬尻」，有豐沛的積雪。積雪融化處至山頂將由花海取代雪原，因為雪融化後附近會冒出嫩芽，嫩芽又會逐漸開花結果。這片奼紫嫣紅的花海人稱「葱平」，景色如詩如畫，彷彿置身仙境，筆墨口舌皆難以形容。登上山頂俯瞰，會發現山谷間鋪滿了白雪，不僅能一覽越中、越後，還能眺望富山市。入夜以後，富山市的幽幽燈火會如螢火般映入眼簾，如此登上高峰眺望，便能目睹這超脫於世俗與物質之外的美景，還能見到立山銀妝素裹的模樣，一點也不像時值盛夏。回程時可以滑雪下山，非常好玩，光是這個體驗就值得東京人來一趟白馬岳。

・登山準備與注意事項

我對登山頗有心得，依據經驗一定要輕裝上陣，但是切忌戴鴨舌帽，否則水滴會淋濕脖子。簑衣是較佳的選擇，不僅能在登頂途中休息時充當坐墊，擋雨也沒問題，當然帶堅固的洋傘也很好。便當建議帶飯糰配酸梅，而非罐頭，味噌湯則是山中野餐的首選。

・高山植物二三事

對日本高山植物界而言，有幾位應該名留千古的人物：城數馬、木下友三郎兩位先生，松平康民、加藤泰秋、久留島箇、青木信行等諸位子爵，小川正直、長野縣松本女子師範學校的校長矢澤米三郎、志村烏嶺①、前田曙山②，以及已故的五百城文哉③等人，他們都積極參與高山植物的採集和培育工作。

採集高山植物在大眾眼中不過是休閒娛樂，他們卻能不遺餘力，因此植物學家的研究才能有長足的進步。在那個年代，蟲取堇等植物還很罕見，後來採集材料日漸豐富，我便開始幫高山植物命名、鑑別種類，該研究的課題變多以後，我自己也開始爬高山了。

高山植物採集一時盛況空前，然而有利就有弊，園藝業者濫採，於是有了保護植物的法規，如今要前往八岳或白馬都得獲得山林區署的批准，手續相當繁瑣，採集高山植物的熱度自然就降低了，但最近似乎有些回升的趨勢。

若要帶大眾認識高山植物，我建議在東京這類大都市的公園裡蓋一座「高山植物

①志村烏嶺（一八七四—一九六一），日本教員、高山植物研究家、攝影家、登山家。

②前田曙山（一八七二—一九四一），日本小說家。

③五百城文哉（一八六三—一九〇六），日本西洋畫家。

園」，不必像外國那樣建造高聳的岩牆，只要朝地底挖掘並堆放岩石，空氣既不會太乾燥，又不占用太多空間，這樣的結構豈不是很棒？把這個植物園交給研究高山植物的專家來規畫，一定會非常有意思。

⊙ 牧野富太郎爬過的山

白馬岳
所在地：富山縣、長野縣
海拔：二九三二公尺

白馬岳位於南北綿延的後立山連峰北部，跨越了長野、富山兩縣，實際上還包括新潟縣，也就是三個縣。三縣交界的東南面會浮現黑色馬形積雪輪廓，相傳這就是白馬岳山名的由來。自白馬岳瞭望，景色壯麗無比，不僅能將幾乎整座北阿爾卑斯山盡收眼底，還能遙望南阿爾卑斯山與中央阿爾卑斯山、八岳、頸城和上信越群山，甚至是遠眺日本海。不僅是白馬大雪溪、栂池自然園等濕地與池塘群，整座山上都分布著豐富的高山植物群落。〔地圖㉓〕

八岳

所在地：長野縣、山梨縣

海拔：二八九九公尺（赤岳）

八岳是位於長野縣和山梨縣交界處的火山群，包括最高峰赤岳、權現岳、編笠山等南八岳，以及橫岳、天狗岳等北八岳，綿延約二十公里。八岳植被豐富，有白檜曾、日本米栂、岳樺、白樺等。此外，這裡也有許多高山植物以八岳命名，例如八岳蒲公英、八高嶺薊等等。硫黃岳和橫岳之間是黃花石楠花的原生地，於一九二三年列入國家天然紀念物①。〔地圖㉖〕

①天然記念物「八ヶ岳キバナシャクナゲ自生地」

〔岩手山、御岳山、立山、八岳等〕

夢幻美妙的高山植物

高山植物種類繁多，要網羅所有種類是不可能的，從中列舉數種，就猶如在汪洋大海中指出幾座島嶼。現在就來介紹幾種最奇特的高山植物。

・駒草

駒草生長在高山頂峰的礫石區，也就是碎石地，在雜草中是看不到的。它色彩奇特、葉子細裂，因此到高山碎石地很快就會注意到它。駒草的葉片翠綠但帶有白色粉末，花莖細長，少則一根、多則數根，長得比葉子還高，會開出像華鬘草一樣的花。花形似鯛魚，頂端分裂成兩半並向上勾起，看起來就像船錨，顏色極為漂亮，但帶到平地卻非常不易栽培。在木曾的御岳山，這種草十分珍貴，上御岳山神社參拜的話，神官會視香油錢的多寡，發放一兩株曬乾的駒草，信徒便會珍藏起來，因為那是尊貴神明賜予的神草。但也因為如此，現在駒草在御岳山已經絕跡了，只能從附近的山採來。它還有一個別名，叫做「御駒草」。

高嶺菫

高嶺菫和駒草一樣生長在碎石地，雖然名稱中有「菫」字，與東北菫菜卻是不同物種。一般東北菫菜呈紫色，這種菫則是黃色的，模樣很像雙黃花菫菜，但葉子比較厚，因此很容易區分。這是日本的特有種，在歐洲各國都看不到，產量最豐富的地帶是陸中岩手山頂上的碎石地。

長之助草的由來

長之助草在八岳地區很常見，也分布於立山（越中）等地。這種植物會在地面蔓延，葉子背面白白的，有鋸齒，看起來就像小一點的櫟樹葉，葉子表面有皺紋，七月左右會伸展開來，中央長出莖，開出八瓣的花，盛開時非常燦爛。這種草在歐洲很常見，在日本則是陸中人須川長之助所發現的，他在明治初年受雇於俄羅斯人馬克西莫維奇，於立山採集到了這種草。經我研究之後，我將它命名為「長之助草」。這也是很罕見的高山植物。

①約一八六八年

・得撫草

由於這種草大量分布於千島群島的得撫島上，因此得名，不過內陸各高山也能看到它。得撫草的葉子類似車前草，莖有數根，呈紫色，形狀奇特，一看就能辨別。在內陸，八岳有許多得撫草，是登山客不容錯過的景觀。

・蟲取菫

蟲取菫的名稱裡也有「菫」字，種類卻與菫菜截然不同，之所以叫這個名字，只是因為花長得像菫菜。它的葉子有很多片，匍匐於地面上，莖會從葉間冒出並開花。葉片表面有細細的腺毛，腺毛末梢的球形腺體會分泌出黏液，因此當小型昆蟲停留在葉片上時（像蒼蠅這種大小的蟲子就沒用），便會因黏液而動彈不得，最終死亡並被消化，化為植物的養分。這種植物有沒有根呢？它有發達的根，與毛氈苔一樣可從根部吸收養分。還有一種捕蟲堇叫做「庚申草」，它分布於庚申山和日光等地，去年帝國大學的三好學博士在庚申山發現了這種植物，因此稱之為「庚申草」，它也會捕食小型昆蟲。

・羽衣草

羽衣草生長在信州的白馬山上，它的花小小的，不像名字那麼美，葉子類似錦葵，高度約二十幾公分，白馬山是唯一的產地，如今數量已經很稀少了。我第一次在白馬山發現這種植物時，就幫它取了「羽衣草」這個名字。

・深山苧環

深山苧環是眾所周知的一種耬斗菜，跟耬斗菜一樣會開非常燦爛的紫花。日本有三種耬斗菜——山苧環、深山苧環、苧環，到八岳可以看見很多深山苧環。

・什麼是高山植物？

現代人所說的高山植物，並非嚴格意義上的高山植物，而是任何分布於海拔略高山區的植物。然而，真正的高山植物並非如此。

假設有一座高山，山的底部叫做「山麓帶」，往上是「雜木帶」，再往上是「森林帶」，更往上是「灌木帶」，最頂端是「草本帶」。

高山植物指的便是生長在草本帶的植物，也就是所謂的「花海」。如果標準放寬一點，灌木帶植物也可以算是高山植物，但森林帶植物就不能稱為高山植物了。

・愈往北方灌木帶愈低

在日本，灌木帶的海拔高度也會隨著往北而降低，最後降至平地。有一種叫做「岩高蘭」的高山植物，生長於北海道的根室和千島地區海岸，而愈往北方，岩高蘭分布的海拔高度便愈低。

高山植物在英文中叫做 Alpine Plants，這是因為阿爾卑斯山（Alpes）非常高，所以才有這個名字，不過日本的高山植物當然也適用 Alpine Plants 一詞。

・高山植物的特徵

高山植物通常都有長長的根，莖則是矮矮的，因為在高山上風勢強勁，植物必須將根深深紮入地底才會穩固。而在碎石地上，根太短很難吸收到足夠的養分，因此高山植物自然而然就發展出了長長的根，深入地底以汲取養分。冬季的養分更加稀少，得事先把養分儲存在根部，因此高山植物勢必得長出很長的根。

此外，高山白天陽光充足、非常炎熱，夜間氣溫則急遽下降，因此高山植物的葉子和莖與平地植物相比有著顯著差異。高山植物的葉子通常又厚又硬，這麼一來才能儲藏水分並避免水分蒸散，以免於旱季時枯萎，只要觀察杜鵑花科植物或岩高蘭的葉片就會明白了。禾本科植物則發展出了貯水機制，當日照強烈時，它們會捲曲葉片以避免水分蒸散。大家爬高山時除了蒐集各種植物，不妨也研究看看自然界的巧妙機制，肯定會非常有意思。

⊙ 牧野富太郎爬過的山

岩手山
所在地：岩手縣
海拔：二〇三八公尺

岩手山是一座火山，聳立於盛岡市西北部，屬於「岩手山高山植物帶」，已列為國家天然紀念物。五月中旬，在御神坂海拔八百公尺的混合樹林中，可以看見滿山盛開的豬牙花、雙瓶梅群落；六月中旬到下旬，在柳澤口的舊道則可見到盛開的珍車、岩梅、岩鏡；初夏時節，在燒走口半山腰的路上可以看到駒草大群落。自小在岩手山麓長大的詩人石川啄木，曾留下

一首詠岩手山的詩：「故里有高山，無言望峰嵐，崇敬難自己，最是故鄉巒。」（ふるさとの山に向ひて　言ふことなし　ふるさとの山はありがたきかな）〔地圖⑥〕

御嶽山，見120頁
立山，見109頁
八岳，見126頁
白馬岳，見125頁

〔神崎森林〕

奇樹

明治時代中期的時候，我和當年還在東京大學念書的池野成一郎[①]，講好一起去青山練兵場摘奇樹[②]的花，於是我們便出門採集了。

當時，青山練兵場是陸軍的管轄區域，未經許可不得入內，所以我們決定在半夜闖進去採集。

我們雇了一位人力車夫潛入練兵場，因為奇樹太高了，我們想摘花但爬不上去，便麻煩人力車夫爬到樹上，折斷花枝。

當時是三更半夜，沒有人注意到我們，可以採個過癮，這在白天是不可能的。也多虧了那時練兵場一片荒蕪，我們才能自由行動。

我們自認摘花是為了蒐集學術資料，即使被發現應該也不會太受苛責。

①池野成一郎（一八六六—一九四三），日本著名的植物細胞學、育種學、遺傳學學者。

②ナンジャモンジャ（讀作nanjamonja），是當地人對生長在特定地方，奇特而壯觀的植物、奇樹或稀有樹木的暱稱，不是特定植物物種名稱。

後來這棵奇樹變得遠近馳名，受到悉心呵護，但終究還是壽終枯死了。

如今我的標本室仍然保存著當年的戰利品——奇樹花標本，現在看來還真是有紀念價值。

奇樹究竟是什麼樹呢？其實很多樹都有「奇樹」之稱。

「奇樹」一名乍聽像是不明樹種，然而絕非如此，畢竟奇樹有貨真價實的「真奇樹」，也有魚目混珠的「假奇樹」。

首先，東京青山練兵場的奇樹就是「假奇樹」，它真正的名字叫做「流蘇樹」。這棵樹曾被列為天然紀念物悉心培育，但如今已經枯死了。

流蘇樹在中國和朝鮮很常見，在日本卻非常稀少，它能在青山練兵場長成一棵大樹，實屬難得，這一定是有人從某處帶來這裡種植，真虧它能夠順利活下來。這棵樹矗立的地方，在過去人稱「六道十字路」，因此這棵樹也叫「六道樹」。以前這種樹並不喚作「奇樹」，後來不知是誰開始這樣稱呼它，如今連學者們也跟著叫它「奇樹」了，實在有點滑稽。在中國，這種樹人稱「炭栗樹」，樹枝上會開滿如白色碎紙屑的白花。

第二種「假奇樹」位於常陸的筑波山，這是一種叫做「油瀝青」的落葉灌木，不過是山林中的尋常雜木而已。

第三種「假奇樹」是藪肉桂的變種，叫做「薄葉藪肉桂」。它與肉桂相近，卻缺乏肉桂的辛辣和芳香。這種樹在四國、九州一帶往往長得很茂盛，大概是因為當地氣候溫暖吧。

第四種「假奇樹」據說位在紀伊國那智的入口，別名「賊仔樹」。大家都說這種樹很像日本女貞，但我還沒有見過。如果能親眼目睹，我應該一眼就能分辨出來，實在可惜。

第五種「假奇樹」是連香樹。這棵樹位於伊豆國三島町的三島神社境內，相傳古時候將軍問及這棵樹叫什麼？有人回答「奇樹也」，從此它便俗稱「奇樹」。

第六種「假奇樹」是布氏稠李，這棵樹位於武藏國比企郡松山町箭弓街道旁的田野中，周圍有石柵環繞，立了一塊碑。

第七種「假奇樹」是黃土樹。

除了上述幾種以外，繼續調查可能還會發現更多「假奇樹」。

總之，贗品奇樹就先告一段落，接下來該輪到奇樹本尊上場了。

真正的奇樹到底在哪裡呢？它位於東京的東北方，也就是面向大利根流域的神崎。神崎是位於千葉縣下總香取郡的一個小鎮，坐落於利根川岸邊。搭火車到佐原之前，在郡內的車站下車，再走一小段路就會抵達神崎。

利根川有渡船，古人從江戶前往鹿島時，便是從這裡搭船。上了渡船之後，轉眼就會到達神崎鎮，鎮後緊鄰著河川，那裡有一片葫蘆形的森林，樹木生長得非常茂密，神崎神社的社殿就座落於這片森林裡。

在這神社的庭院中，矗立著自古名聞遐邇的「真奇樹」。根據赤松宗旦[1]的《利根川圖志》記載，這棵奇樹聳入雲霄，比森林都還要高，遠遠地就能看到它。

幾年前，這棵神木被雷擊中而起火，與神殿一起付之一炬，不過也有人說是乞丐在社殿底下生火才釀成了火災。幸運的是，神木的主幹雖然枯死了，根部卻長出了幾株嫩枝，如今已經環繞著枯死的母樹（上截已砍掉）茁壯，變得鬱鬱蔥蔥了。

遙想當年，池松時和還是千葉縣知事，他極為重視這棵「奇樹」，於是新建了石製的圍籬加以保護，讓它在新建的社殿旁得以昂然挺立、挨過風雨寒暑，這才有了如今的欣欣向榮。

[1] 赤松宗旦（一八〇六—一八六二），日本醫師。

這棵奇樹的真實身分是什麼呢？答案毋庸置疑，正是樟樹。它與一般樟樹並無不同，那麼為什麼這棵樟樹在當地人心目中會如此神聖呢？我想應該是因為當地並非氣候溫暖之處，加上利根川流域地勢低窪、土壤潮濕，不像我國西南地區一樣可以頻頻看見大樹，因此這棵樹才格外引人注目。

根據傳說，「奇樹」一名是由水戶黃門①所取的，如此看來，這個名字應該是在江戶幕府第四代將軍德川家綱的時代，距今大約三百年前左右才出現的，不算太古老。

喜多村信節②的《嬉遊笑覽》中有這麼一段：「據《俳諧葛藤》所載，有一郭公覓奇樹，從下總尋至神崎河岸，自問自答『奇也』。『奇』有兩種，此指樟樹，又周圍有太一餘糧③，亦稱『奇』。」可見樟樹是正確的。

此外，高田與清④的《鹿島日記》中則寫道：「十九日（文政三年⑤九月），雨，吾渡河後先往神社參拜，見社前有一巨木，樹齡久遠，名曰『奇樹』，此乃連香樹矣。」並附有一首詩：「開天初闢地，奇樹已結實。湯津連香樹，芬芳無盡時。（神代よりしげりてたてる湯津桂さかへゆくらむかぎりしらずも）」。書中指出這棵奇樹是湯津連香樹，然而這是錯的，前面我已說過，奇樹毋庸置疑是樟樹。

①德川光圀，水戶藩第二代藩主，曾任中納言（俗稱黃門），因此人稱「水戶黃門」。
②喜多村信節（一七八三—一八五六），日本國學者。
③別名「禹餘糧」，一種礦石藥材，有澀腸止血功效。
④高田與清，又名小山田與清（一七八三—一八四七），日本國學者。
⑤西元一八二〇年

他在《三樹考》中還提到：「下總國香取郡神崎神社，有一木喚作『奇樹』（此名訛自奇花異木），乃含笑花之類也。」然而書中的含笑花並非我們今日所說的含笑花，而是樟樹科的藪肉桂、白新木薑子、紅楠這三種樹的總稱，當然這也是錯的。

清水濱臣①的《房總日記》則記載著：「神木參天，環抱可達十二公尺，居民謂之『奇樹』。百年前，水戶中納言至此社參拜，問此木何名？眾人稱奇、皆不能決，遂命為『奇樹』。此樹或為八角茴香。」這段文章寫於文化十二年四月二日，為一百多年前，但作者究竟從何判斷這是八角茴香，進而提出這令人難以置信的名字，便不得而知了。八角茴香原指八角屬的大茴香，與奇樹毫無關聯，倒不如稱之為「非奇樹」呢。

另外，《利根川圖志》中也有關於奇樹的文章，但請容我略過，因為這本書混入了我的茫茫書海中，一時之間也找不到，我便不評論了。不過總而言之，書中說奇樹是「一種山桂」，這名字並不正確。

奇樹之謎已經真相大白。不論如何，神崎的奇樹確實值得一看，而不識真奇樹者，是沒資格談論奇樹的。從東京的兩國車站搭火車便能抵達神崎，能輕鬆當日來回，大家不妨來個一日遊，去那兒參觀正宗奇樹，肯定很有意思。

①清水濱臣（一七七六—一八二四），日本醫師、歌人、國學者。

我詳細考證了奇樹，並將神崎神社庭院裡的神木才是本尊一事昭告天下，令神崎神社的神官非常高興。後來我造訪神崎神社時，社方還特別招待我去奇樹神木旁剛蓋好的社務所，並大費周章請山下的釀酒商寺田家（當家是憲氏）送來高級寢具，讓我在與神木僅有兩公尺之隔的小屋住了一晚。我十分感動，但也誠惶誠恐，只能對他們的厚待致上深深謝意。如今回想，那已經是大約三十年前的往事了。

⊙牧野富太郎爬過的山

神崎森林

地點：千葉縣

神崎町位於千葉縣北部的香取郡，橫跨在利根川南岸低地和下總台地之間。在明治後期成田線通車之前，神崎町是利根川水運的河港，發展得相當繁榮。神崎町北端有一片被當作水運指標的神崎森林（千葉縣的天然紀念物），這是茂密的原生林，物種涵蓋藪肉桂、紅楠、長尾栲、日本山茶、蕨類等等。森林中的神崎神社有一棵深受當地人敬愛的巨大樟樹，人稱「奇樹」，名列國家天然紀念物①。〔地圖⑮〕

①天然記念物「神崎の大クス」

〔飛驒山脈〕

可口的食用菌——馬糞蕈

馬糞蕈是一種生長在馬糞或腐爛稻草上的菌類，學名為 Panaeolus fimicola *Fries*（=*Coprinarius fimicola* Schroet.），種小名 fimicola 的意思是「生長在糞便或肥料上」。日本最古老的字典《新撰字鏡》中，菌字條目底下也有「宇馬之屎茸」一詞，可見這名稱相當古老。

這種菌為直立生長，高度從六公分到十五公分不等，莖細長，可輕易縱向撕開，傘蓋為淺鐘形，直徑約一點五公分到三公分，呈灰白色，傘蓋內褶皺呈灰褐色。整體質地脆弱，僅一天就會垂頭枯萎，是一種很短命的地菌。昭和二十一年九月十一日，小石川植物園的松崎直枝兄來訪，他告訴我這種馬糞蕈不僅可食用，而且還很好吃，令我興趣盎然。

既然這種菌如此鮮美，我們大可在馬糞或腐爛稻草上種植它再盡情品嘗，而且據說它在春秋之間都會不斷生長，可以長時間享受它的美味。

這種菌生長在馬糞上，讓人聯想到俗稱「野蘑菇」的四孢洋菇（由田中延次郎①命名），又稱「野原茸」（在下命名），學名為 Psalliota campestris *Fries*（=*Agaricus campestris* L.）。培養這種野蘑菇時會使用馬糞，以便菌床發酵生熱。小林一茶有詩云：「馬糞又何如？茂然生蕈菇。（余所並なみに面並べけり馬糞茸）」

接著換在下獻醜，列出幾首我作的詩：

欲食馬糞蕈，先忘馬糞名（食う時に名をば忘れよマグソダケ）
名字皆拋開，糞蕈嘴裡塞（その名をば忘れ て食へよマグソダケ）
端詳馬糞蕈，毒狀有跡尋（見てみれば毒ありそうなマグソダケ）
馬糞盤中蕈，吃來頗心驚（恐は恐はと食べ て見る皿のマグソダケ）
糞蕈真鮮美，細嚼再回味（食てみれば成るほどうまいマグソダケ）
糞蕈一下嚥，眾人皆冷眼（マグソダケ食って皆んなに冷かされ）

①田中延次郎（一八六四—一九〇五），日本菌類學者。

家中眾成員，皆無糞蕈緣（家內中誰も嫌だとマグソダケ）
糞蕈無人問，不如我獨吞（嫌なればおれ一人食うマグソダケ）
英勇無畏懼，親嘗馬糞蕈（勇敢に食っては見たがマグソダケ）

馬勃（鬼瘤）也有「馬糞蕈」之稱，但與上述馬糞蕈當然並非同種。

大正十四年八月，我在飛驒的高山町向當地人二木長右衛門打聽到了一些資訊。據說「有些人很愛吃長在馬糞上的菇蕈」，還聽說「凡是菇蕈，只要先煮熟再調味就不會有毒，可以安心食用」。當時高山町正值製作醬菜的季節，居民會買下來自鄰近村鎮的各種菇蕈，與醬菜一起醃漬。町內還有固定的醬菜日，是每年的一大盛事，家家戶戶都會在這天醃漬醬菜，有些家庭甚至會準備非常高級的醬菜桶，這是在其他地區看不到的獨特習俗。當時居民醃漬的蕪菁是飛驒高山普遍種植的紅蕪菁，不知現在是否一樣？此外，我也想調查一下醃醬菜用的菇蕈有哪些種類，建議日本菌學家都趁這季節來參觀一

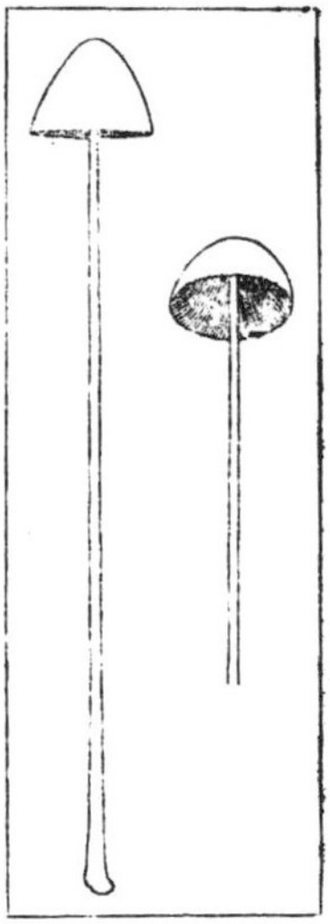

馬糞蕈〔可食用〕
Panaeolus fimicola *Fries* =
Coprinarius fimicola Schroet.
= *Agaricus fimicola* Fries.

下，肯定獲益匪淺。

⊙牧野富太郎爬過的山

飛驒山脈

所在地：新潟縣、富山縣、岐阜縣、長野縣

海拔：三一九〇公尺（奧穗高岳）

飛驒山脈通稱北阿爾卑斯山，由海拔三千公尺級的立山、劍岳、白馬岳、乘鞍岳、槍岳等群山連綿而成，最高峰——奧穗高岳為日本第三高山，僅次於富士山和北岳。飛驒山脈大部分都涵蓋在中部山岳國立公園內，在這裡可以看到日本髭羚、岩雷鳥等高山動物，以及駒草、東方胡麻花、水仙銀蓮花等豐富多樣的高山植物。〔地圖㉗〕

〔日本山野〕

春天萌發的嫩草

春天到原野採摘嫩菜，是一項歷史悠久的雅俗，人稱「採草」，不過，很多人都不清楚到底有哪些草可以摘。水芹是最常摘的草，它滋味鮮美、香氣四溢，所以備受喜愛。

・艾草

艾草是人盡皆知的草，不過一般只會做成麻糬來吃，處理起來有些麻煩。順帶一提，艾草麻糬的起源應該是從前不如現代有糯米可用，但普通的米又不易做成麻糬，人們就加入了草增加黏性。最初使用的草並非艾草，而是鼠麴草，因為這種草的葉子正反面都長有白毛，能促進米飯黏合。後來有人發現了艾草，由於艾草也有毛，便試著用它當黏著劑，結果做出來的麻糬不但很成功還香噴噴的，再加上艾草比鼠麴草更常見，葉片也更大，簡直集優點於一身，於是艾草麻糬便普及開來了。除了艾草此外，問荊、薺菜也是人盡皆知的春草，但還有許多有趣的植物也能當成食物，只是一般人並不知道。從植物學的角度觀察這些植物，不僅非常有趣，還能從中獲得許多知識。

・紫雲英的葉子

每到四月，田野就會覆滿紫雲英花海。根據中國古籍記載，紫雲英的嫩葉非常可口，我曾經摘回來做成涼拌菜品嘗，然而一點也不好吃。納悶之下，我改成以中餐形式烹調，熱油快熟，加入鹽、胡椒和少許醬油調味，這次果真美味。中國人也常吃白三葉草（White Clover），如果用跟紫雲英一樣的方式條理，應該也會令人垂涎三尺吧。

・細葉碎米薺

細葉碎米薺同樣是四月時在田野開花，屬於十字花科，無毒。它從秋末開始生長，到初春繁殖，於秋田播種時盛開，因此又稱「播種花」（種つけ花）。一般都是在莖尚未抽高時採摘，可以做成涼拌菜，或用油熱炒後食用。有個相近的物種叫「圓齒碎米薺」。

・圓齒碎米薺

圓齒碎米薺是一種宿根草，到武藏野草原或清澈的水邊就能看到它生長得很茂盛。它在冬天就會發芽，葉子嘗起來有點辣，當作生魚片的配菜十分風雅。在愛媛縣的松山，每到冬天，附近的高井村就會有農民前來兜售這種草並拿到蔬果店販賣。它是松山的名產，當地人自古稱之為「葶藶」，「高井葶藶」一詞甚至還出現在民謠《伊予節》中。不過這種草並非松山的特產，東京附近也長了許多，然而東京人卻不吃它，大概是因為對這種野草不太熟悉吧。它別名「葶藶」，但真正的葶藶是一種叫做「山芥菜」的植物，只是古人誤將圓齒碎米薺稱之為「葶藶」罷了。

・山芥菜

山芥菜在庭院、路邊、野外都很常見，可以鹽漬、汆燙或以三杯醋涼拌食用。它的葉形類似縮小版的蕪菁葉，葉片叢生於一株上，花梗豎立後會開出黃花小花，結出長長的針狀果實。

・濕生葶藶

濕生葶藶與山芥菜宛如兄弟，它會在春天發芽，趁莖尚未抽高時採摘，比照山芥菜的烹調方式處理即可食用。

・水苦藚

春天時到野外，在河邊或濕地就會見到水苦藚。它的葉子柔軟而無毛，春天時尚未出莖，總是匍匐在地上，葉片偏紫色，摘下來拌醋味噌非常可口。它因為葉片柔軟，別名「萵苣」，又因為生長在河邊而人稱「川萵苣」。播州明石地區的餐廳會把水苦蕒的種子保存下來耕種，並將它可愛的幼苗像紅蓼芽一樣擺在生魚片旁，不過這只是裝飾而已，因為它的味道不像紅蓼一樣辛辣，但還是頗為風雅。

・萱草

春天時到野外、河堤、山麓等地都可以看到萱草。「萱」有「遺忘」的涵義，因此在中國，相傳配戴此草便能忘卻憂愁。此外，它還別名「宜男草」，據說女子佩戴它可以生下男孩。萱草生長於在初春時節，葉片如百合葉一樣呈淺綠色，摘下後汆燙，以醋味噌涼拌，味道香甜可口。到了夏天，萱草的莖會抽高到六十公分以上，開出像卷丹一樣重瓣的花，花色為橙紅色。把它的花朵或隔天將綻放的花蕾摘下，加入牛肉鍋中，嘗起來會帶有甜味，非常可口，以三杯酢涼拌也很好吃。在日本，吃這種花算是一種罕見的食趣。有些書上寫中國的重瓣萱草有毒，其實那並無根據。人們也會在秋末，趁它剛冒出兩三分芽時，摘下來用於高級料理，因為它的甜味十分適合入菜。這種植物在東京附近也很常見。

・黃花菜

黃花菜和萱草為同屬植物，分布於東京附近，但在信州一帶產量更豐富。人們不吃它的嫩葉，而是等它夏季時大量開花。由於黃花菜每到傍晚便逐一綻放，在日本又別名「夕萱」。把隔天將綻放的花蕾或花朵採下，以和萱草相同的方法烹調食用。這種植物中國很常見，而且自古就被當作食材，人們會採集它的花蕾，汆燙後曬乾，做成所謂的「金針花」在乾貨店販售。將金針花煮熟，比照上述方式即可開動。

・剃刀菜

剃刀菜（毛蓮菜）也是春天野外常見的植物，它的葉子很大，形狀像剃刀，葉片表面有毛，摸起來相當鋒利，因此得名。剃刀菜汆燙後會變軟，可做成涼拌菜等食用。到山路、草原、山區的荒野，常會見到它沿著地面長一大片。

・蒲公英

蒲公英是人們常摘的草，花朵通常為黃色，但偶爾也有白色，東京附近的白花蒲公英相當少見，但某些地區反倒只有白花蒲公英。白花蒲公英和黃花蒲公英是截然不同的物種，白花更適合食用，因為白花蒲公英的葉子跟蔬菜一樣又大又軟嫩，如果栽種於田裡，將葉子改良得更大更軟，應該很適合做成沙拉，不過我好像沒聽說有人這樣嘗試。西方的蒲公英與日本的蒲公英是不同種，但也有傳入日本，在北海道，它生長於野外，而在西方，它是人工栽培的沙拉生菜。日本的黃色蒲公英如果比照栽培，應該也會變得很可口，像這樣將野草培育成蔬菜送上餐桌，實在是太有意思了。

・輪葉沙參

輪葉沙參常見於山麓，由於花形像吊鐘，根部似藥用人參，因此在日本叫做「吊鐘人參」，也稱「沙參」。它的根和葉都可以食用，當莖長到十公分左右時，葉子就可以摘下來製成涼拌菜，嘗起來有股特殊的香味，令人回味無窮。日本民間將這種草稱作「ととき」，這應該是它自古以來的名字。在信州地區，這是一種美食，甚至還有民謠如此歌頌它的美味：

蒼朮沙參皆山珍，可憎媳婦休得嘗。
（山でうまいものはおけらにとどき、嫁にくれるも惜しゅござる）

輪葉沙參摘下後會流出白色汁液，但並沒有毒性。它的根呈白色，肥厚飽滿，當地的小孩喜歡生吃。

・蒼朮

前面民謠所提到的蒼朮，在古代和歌中稱為「朮花」（うけらが花），也分布於東京附近的森林。它的葉片有白毛，但無礙於食用，根可當作藥材。

・桔梗

前面提到的沙參在植物學上屬於桔梗科，而同屬的桔梗嫩芽一樣可食用，根部也能當作藥材。儘管人們種植桔梗是為了賞花而鮮少吃它的嫩芽，但桔梗嫩芽入菜無疑是道美食。

・水芥菜

到多摩川沿岸，有時會在河裡看到水芥菜。這是一種西洋植物，稱為 Watercress，於明治初年引入日本，原產地為歐洲。水芥菜的繁殖力相當驚人，連深山都有分布，像我就在日光湯元深處的蓼之湖見過它的蹤影。這種草一年四季都吃得到，在西餐往往是盤上的點綴，日本人則是將它當作味噌湯的料，或者加入芝麻做成涼拌菜。

・山蒜

山蒜也是人們常摘的草之一，它的根以醋味噌涼拌最好吃，帶有一股類似蔥、薤、韭菜的香味，像薤一樣醃漬起來應該也很可口。

・濱防風

如果有機會去海邊，不妨採一些濱防風，這種植物在相州、房州等海邊沙地上長了非常多。它的嫩葉可當作生魚片的配菜，色澤偏紫，滋味鮮美。蔬果店（八百屋）常將它擺在店門口，因此別稱「八百屋防風」。春季時將沙地挖開，摘下它的葉柄和莖做成涼拌菜或三杯醋都非常好吃。日本有一種叫做「防風」的古老藥用植物，正是濱防風，然而真正的藥用防風其實是另外一種，在日本並無野生。濱防風埋在沙地裡的白色部分，比裸露的綠色部分更適合品嘗。

・番杏

去鎌倉海岸經常可看到番杏，它的莖像藤蔓一樣，因此在日本叫做「蔓菜」。番杏會在春秋之間繁殖，於溫暖地區則是冬天也看得見，一年四季皆會開花。它的葉子可做成涼拌菜、也可煮湯品嘗。有人吃它是為了治療胃癌，但真正可治療胃癌的植物是另一種，只是那種植物別稱「濱萵苣」，而番杏也別稱「濱萵苣」，兩者才會被混淆。

將番杏的種子撒到田裡，它就會大量繁殖，不僅一年四季皆會生長，產量豐富，還跟藜的葉片一樣厚實。

西方人之所以重視這種植物，有一個故事：很久以前，有艘船在紐西蘭附近航行，由於船上缺乏蔬菜，所有船員都罹患了壞血病，當他們在紐西蘭靠岸時，發現海灘上長了大量的番杏，於是立刻將番杏採來吃，結果壞血病很快就治好了。從那以後，西方人便稱這種植物為「New Zealand Spinach」，也就是「紐西蘭菠菜」的意思。

春草是數也數不盡的，總之野外還有許多人們不知道的食用野草，如果喜歡風和日麗的春天草原，不妨出門多多採草，研究有沒有新的吃法，但一定要小心別誤採毒草，所以建議由可靠的指導人帶領，例如由女校老師在周日帶學生去野外採草，不僅有趣，還能增廣見聞，一定會成為很棒的戶外教學。

從近畿到中國、四國、九州

〔伊吹山〕

第一次的東京之旅

明治十四年四月，我從故鄉佐川啟程，前往文明開化的重鎮——東京旅行。

在那個年代，遊覽東京彷彿出國。

於是我在熱烈的歡送下出發了。

與我同行的還有老家掌櫃佐枝竹藏之子佐枝態吉，以及一名老實的會計。

那時候四國還沒有鐵路，我們便從佐川町徒步到高知，再從高知搭乘蒸汽船走海路到神戶，那是我有生以來第一次坐蒸汽船。

從瀨戶內海上看見光禿禿的六甲山時，我大吃一驚，畢竟土佐沒有任何一座山是禿的，原本我還以為那是積雪呢。

從神戶到京都有蒸汽火車可搭，我們便改搭火車到京都，再從京都開始徒步，經過大津、水口、土山，越過鈴鹿峠，朝四日市邁進。一路上我見到許多罕見的植物，看得目不轉睛。第一次見到黑櫟時我嚇了一跳，因為這實在太稀有了，我還將它的嫩芽裝進茶罐寄回故鄉，請人種在庭院裡；越過鈴鹿時，我目睹了油瀝青開花，這也非常珍貴，於是我小心翼翼地將它收進行李中，帶到了東京。

自四日市起，我們再次乘坐蒸汽船前往橫濱。這艘蒸汽船名叫「和歌浦丸」，是一艘外輪船，會通過遠州灘開向橫濱。所謂「外輪船」，就是兩舷裝有大型水車狀輪槳的船隻。我在三等艙內悠閒地度過了幾天，隨後抵達橫濱。從橫濱到新橋有蒸汽火車可搭，我們便轉搭火車。

在新橋車站下車時，東京市街的繁華令我震撼不已，人潮洶湧更是令我瞠目結舌。我們於神田猿樂町下榻，每天都在東京觀光。當時東京正在舉辦勸業博覽會①，我們也有前往參觀。

現在的帝國大飯店所在地在當時稱為山下町，那裡有一個叫做「博物局」的機構，由田中芳男先生擔任局長。這位田中先生後來成為男爵，變成了貴族院議員。我向田中芳男先生提出會面請求，他非常樂意見我，還指示部下——小野職懿②和小森賴信這兩

①一八八一年，第二回內国勧業博覧会。
②小野職懿（愨）（一八三八—一八九〇），日本植物學者。

名植物研究員來接待我，帶我參觀了植物園等地。這位小野便是小野蘭山的後代。

難得來一趟東京，我們決定順道去著名的日光看看，便於五月底從千住大橋出發，徒步沿著日光街道前往日光。途中我們在宇都宮住了一晚，還搭了人力車穿越遠際馳名的日光杉木林道。

在中禪寺湖畔，我發現石縫間有類似韭菜的植物，當時我認為那是姬韮，可是後來都沒聽說有人在日光採到姬韮，因此至今我也不敢肯定。

從日光回東京後，我們立即收拾行李準備回老家，並擬定計畫沿著東海道走陸路到京都。這次，我們先從新橋坐蒸汽火車到橫濱，之後改為徒步，偶爾由人力車或馬車代步。

大約花了一個星期抵達關原後，我突然想爬伊吹山，便和其他人約好在京都三條的驛站會合，然後獨自前往伊吹山。我在伊吹山麓的一家藥草行留宿，請居民帶我登山。伊吹山上有許多珍奇植物，我也把握機會大採特採，但那時我沒有攜帶採集植物專用的提箱「胴籃」，只好將採下的植物夾在紙張之間稍做整理。在伊吹山，我還發現了一種叫做「伊吹堇」的珍貴植物。

那日我採集了太多植物，行李堆積如山，搬運時一個頭兩個大，但我還是把藥材行院子裡堆放的栓皮櫟木柴也塞進了行李中，因為那也很珍貴。

從伊吹山出發後，我抵達長濱，搭乘汽船穿越琵琶湖，來到大津，再進入京都，隨後便在三條的驛站與同伴會合，平安回到了佐川。

⊙牧野富太郎爬過的山

伊吹山
所在地：滋賀縣
海拔：一三七七公尺

伊吹山矗立於岐阜縣和滋賀縣的交界處，高峰位在滋賀縣側，整座山幾乎都是由石灰岩構成，因此山麓設有石灰岩工廠以生產水泥。自古以來，伊吹山便以植物種類豐富而聞名，附近村莊還發展出在山麓採草藥維生的歷史與文化。這裡不僅擁有豐富的野草群生地，還孕育了超過一千種植物，其中包括許多特有種。山頂花海更是列為滋賀縣天然紀念物①，周邊則劃為琵琶湖國定公園。〔地圖㉙〕

①天然記念物「伊吹山頂草原植物群落」

〔伊吹山〕

《草木圖說》的澤薊和真薊

飯沼慾齋①斎的著作《草木圖說》卷十五（文久元年②辛酉發行，第三帙中的一冊），圖解中收錄的澤薊圖與一旁的真薊圖兩者放反了，至今卻從未有人發現。其實應該將澤薊說明文的插圖移到真薊說明文，真薊說明文的插圖移到澤薊說明文，如此一來，澤薊說明文才會有正確的澤薊圖解，真薊說明文也才會有正確的真薊圖解，兩邊的錯誤才得以修正。也許圖片放錯只是作者偶然搞錯了順序，卻導致我們現在修正時，得將過去植物界慣用的「澤薊」與「真薊」的和名顛倒過來。換句話說，「Cirsium Sieboldii *Miq.*」並非「真薊」而必須改為「澤薊」（別名「煙管薊」），「C. yezoense *Makino*」也不是「澤薊」而必須改為「真薊」。

近江國③伊吹山下的村民據說經常採集上述的真薊來食用，我很想見見它到底長什

①飯沼慾齋（斎）（一七八二—一八六五），日本醫學家也是本草學者。
②西元一八六一年
③近江國，日本舊令制國之一，又稱江州。

麼模樣，便勞煩當時在京都大學讀書的遠藤善之兄，替我實地尋找村民所說的真薊。遠藤兄十分熱情，為了我兩次從京都前去伊吹山地區調查，在伊吹山找不到時，甚至跑去美濃地區探勘，最後總算在伊吹山背面的山地找到了它，還向當地人確認了真薊的方言，再把從當地採集的樣本千里迢迢帶到東京給我。我興高采烈地拿著渴望已久的植物樣本仔細端詳，終於明白真薊長什麼模樣。我心滿意足，高興得不得了，只能一個勁兒地感謝遠藤兄的盛情。

「真薊」在日文稱為「マアザミ」（真アザミ），人們經常把這種薊種在家庭菜園當作食材，因此剛開始我以為「マアザミ」的漢字應該是「菜薊」，但幾經推敲還是「真薊」才正確。真薊的葉子寬大而柔軟，嫩葉非常可口，相反地，澤薊的葉子狹窄又分裂，刺多且質地堅硬，並不適合食用，因此《草木圖說》當然也沒有提及它可以吃。此外，

《草木圖說》將此圖誤植為真薊，應正名「澤薊」。

澤薊在山麓草原的水畔或沼澤河流中很常見，但在山間溪流旁卻看不太到它的蹤影。

小野蘭山《本草綱目啓蒙》卷十一的「大薊小薊」條目下，明確描述了澤薊的生態：

雞項草不同於大小薊，生於水邊亦生於陸地，和名「澤薊」。其葉與小薊葉相似，多分枝且多刺，苗高一二尺，八九月時莖頂開花，花色淡紫，每莖開一兩朵花，花碩大且朝向一旁，不似其他薊朝天項開花，因形如雄雞頸項，故名「雞項草」。

過去我國本草學家都跟上段一樣，認為澤薊就是雞項草。「雞項草」一名出自宋代蘇頌①所著《圖經本草》中的一種薊，但那很可能是不同種，只是因為字義相符就變成了澤薊的別稱。據《本草綱目》李時珍記載：「雞項，因其莖似雞之項也。」我國學者卻經常誤植為

《草木圖說》將此圖誤植為澤薊，應正名「真薊」。

①蘇頌（一〇二〇—一一〇一），北宋人，身兼博學家、科學家、數學家、政治家、天文學家、植物學家……等多重身分。

「雞頂草」，真是大錯特錯。

文化四年①出版，丹波賴理所著《本草藥名備考和訓鈔》中，將澤薊正確地記為「雞項草」，但文化六年②發行，水谷豊文③所著《物品識名》中，便把澤薊誤植成「雞頂草」了。

① 西元一八〇七年

② 西元一八〇九年

③ 水谷豊文（一七七九—一八三三），日本本草學者。

⊙ 牧野富太郎爬過的山

伊吹山，見163頁

〔六甲山〕

馬醉木

馬醉木，別名「梫木」，通常分布於山區，有時在住宅庭院裡也見得到。和州①奈良的公園裡種植了非常多馬醉木，這是為了避免公園飼養的鹿群將植栽吃光，因此種了許多馬醉木。這是一種常綠灌木，不會長成大樹，但是枝繁葉茂，葉子聚集在小枝端，呈倒披針形，邊緣有鋸齒，革質，無毛。花期在三月，花多且花梗短，於小枝枝頭形成短的圓錐花序。花朵呈白色，壺狀，長約六公釐，無毛，朝下開放，花梗照到陽光的那一側呈暗紅色，若是在四月開花，短圓錐狀花序中央的小花梗偶爾會抽長。花冠口為淺五裂，有五片花萼，呈紅褐色，無毛，十幾枚雄蕊封閉在花冠內，花藥具有附屬物，有一個上位子房，花柱單一。

播州②六甲山的馬醉木花冠呈白色，帶有紅暈。我還聽說安藝的宮島，也就是岩島

①和州，日本舊令制國之一，即大和國。

②播州，日本舊令制國之一，即播磨國。

的馬醉木會開罕見的紅花，若能幫它播種、繁殖幼苗該有多好啊。

馬醉木是一種有毒的植物，因此人們在務農時，若發現農田裡的蔬菜長蟲，尤其是在阿波國，一旦蓼藍苗上有蟲，就會潑灑馬醉木熬成的湯來除蟲。

⊙牧野富太郎爬過的山

六甲山
所在地：兵庫縣
海拔：九三一公尺

六甲山地是位於神戶市北側的一連串山脈，從西側的鹽屋綿延到東側的寶塚，全長三十公里，最高峰位於神戶市東灘區的北側。自古以來，六甲山便有通往有馬溫泉的有馬道、運送魚貨的魚屋道等諸多交通要道，明治時代以後隨著外國人入住，還陸續開通了往後山的道路。因此，六甲山成了許多生物遷徙、擴展棲地時的途徑，孕育出了豐富的植被。〔地圖㉚〕

〔高野山〕

紀州高野山的蛇柳

紀州國名聞遐邇的高野山寺境內，有幾株自古人稱「蛇柳」的柳樹，這些柳樹遠近馳名，一直活到近代，可惜聽說現在已經枯萎了。蛇柳的樹幹橫斜彎曲，枝繁葉茂，前些年我曾登上高野山，親自看過這些樹，還採下了一些枝條做成標本。

理學博士白井光太郎兄曾經研究過我國的柳樹類，那時他在高野採集了這種柳樹，經研究後延續自古以來的稱呼，將它定名為「蛇柳」，之後人們便以「蛇柳」稱呼這種柳樹了，學名為 Salix eriocarpa *Franch. et Sav.*。

關於上述的蛇柳，白井博士（當時是理學士）在明治二十九年[1]六月發行的《植物學雜誌》第十卷第一百一十二號中有詳細的記載，文章如下：

①西元一八九六年

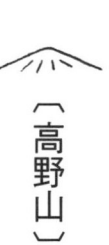

〈高野山之蛇柳〉

自高野山大橋沿通往奧院之右道前行，行至約十間處有一柳樹。據高野山導覽所記，「此為蛇柳」、「此柳低偃，狀如臥蛇，故名蛇柳」。二十八年[1]（牧野注：明治）八月十三日，余至高野山採集此柳，然柳枝尚未開花，回京後委託高野小林區署長山本左一郎，始於今年五月得其花。蛇柳花皆為雌花，花序具有小柄，柄上生二至四片小葉，小苞呈綠色卵形，表面絨毛密布。子房亦為卵形，表面帶絨毛，頂端有短柱，柱頭長且一分為二，花序全長約四五分，基部有倒卵形或匙形小葉對生，狀如十字槍穗。葉片呈細長披針形，頂端尖銳，邊緣有細小鋸齒，表面翠綠，背面色淡，布滿白粉，長約三四寸，幼枝有短柔毛，老枝則無毛。余早年曾於大隅佐多附近採集此種，去年四月亦於常州[2]筑波山下採之。筑波山此柳乃喬木，主幹直徑一尺餘，高聳挺拔，樹形甚妙，與 Salix eriocarpa *Fr. et Sav.* 相符無二致。余聽聞去年某學友亦於筑波山下採集此樹，取新名「枝垂柳」，然「枝垂」之名略為費解，如不嫌棄，余以為「蛇柳」作此種之通名更為恰當。

①西元一八九五年
②常州，日本舊令制國之一，即常陸國。

《紀伊續風土記》①的〈高野山之部〉也有提及蛇柳，記載如下：

蚺柳（牧野注，蚺同蛇）

息處石南方大河，南岸洲上有古柳，蟠曲低垂，形態奇異。《夫木集》②知家朝臣歌詠中，讚曰「紀伊樹花繁似錦，高野山柳細如織」，而未以「蚺柳」稱之。《扶桑名勝詩集》宕快法印所作「高野山十二景」中，則以《雪中蚺柳》為題。《本州舊跡志》記蚺柳位於大塔之東廿八町③，此町自古有大蚺，妖氣橫生，弘法大師持咒驅之，蚺遂往他處，舊蛇窩生一柳樹，故名「蚺柳」。一說此柳低偃如大蚺而名「蚺柳」，亦有大師加持使蛇化柳云云，然皆不可考。近世雲石堂十八景有詩題「春日蚺柳」，下略。亦有俗諺云古時此處有大蚺，屢屢傷人，大師除惡務盡，持竹帚驅至大瀑，大蚺之怨殘留帚上，故不得以此山竹帚清掃。又云大蚺遭趕時，誓言後世若於此山用竹帚，定重回此地，然亦不可考。

《紀伊國名所圖會》第三篇、第六卷（天保九年④發行）高野山章節中，刊載了蛇

①日本紀州藩於一八三九年編纂完成的地方志

②又名《夫木集》、《夫木抄》，日本鎌倉時代後期私人編纂的和歌集。

③約三公里

④西元一八三八年

柳的插圖，圖說如下：

古時溪畔有大蛇，蛇妖肆虐，弘法大師持咒驅之，大蛇忽往他處，蛇窩生一柳樹，故名「蛇柳」。又說遙望此柳，曲折蜿蜒，猶如百蛇爬行，因此得名。然眾說紛紜，未有定論。

《夫木抄》正嘉二年①，每日一首有詩曰：

紀伊樹花繁似錦，高野山柳細如織。（咲花に錦おりかく高野山柳の糸をたてぬきにして）——民部卿知家

清風拂樹來，垂柳向水彎。（吹たびに水を手向る柳かな）——米冠

此外，這本書的蛇柳圖上方，還附了麥林的俳句「柳姿映眼簾，涼意透心間（我目にも柳と見へて涼しさよ）」，以及栗陰亭的狂歌「蛇柳飄飄隨風起，碧髮鬖鬖奪人心。

①西元一二五八年

〈奪ともすればたけなる髮をふりみだし人の気をのむ風の蛇柳。」

昭和三年三月發行的《植物研究雜誌》第五卷第三號中，有一篇久內清孝①兄撰寫的〈蛇柳命名由來〉，文中提到：「不容於世者，其心不得入奧院，亦不可渡御廟橋，惡行後世警惕，此蛇柳也。」（摘自巢林子《女人堂高野山心中萬年草》），並列舉了種種命名由來，還附上研究柳樹的白井光太郎博士親筆蛇柳手稿圖。

以前舉辦高野山植物採集會時，我曾以指導者的身分一同前往，那時我向高野山寺院的一位幹部僧侶詢問了蛇柳的由來，他說：「很久以前，高野山寺院有一名僧人企圖謀反，篡奪寺院住持之位，後來因為事蹟敗漏而被捕、遭到活埋，為了警惕後人，活埋僧侶的地方種了一株柳樹，取名『蛇柳』，以示懲戒。」

這株著名的柳樹如今已經枯死，僅剩名字流傳於世。既然有這樣的典故，也許可以再種一株柳樹將遺跡標示出來，以為傳承。

①久內清孝（一八八四—一九八二），日本植物學者、藥學者。

⊙牧野富太郎爬過的山

高野山

所在地：和歌山縣

海拔：八〇〇公尺

高野山指的是紀伊山脈中，由楊柳山、陣峰、弁天岳等群山包圍的一處平地。真言宗的創始人弘法大師（空海），將整個高野山比作十六瓣八葉蓮花，稱中心大塔周邊八個方位的山為內八葉，稱奧院外聳立的八峰為外八葉。山頂上有真言宗的總本山金剛峯寺，以及寺前城鎮。附近是幅員遼闊的森林區，樹種包含柳杉、松樹、羅漢松、日本扁柏、冷杉、鐵杉，合稱「高野六木」。〔地圖㉝〕

〔三段峽〕

懸石蜘蛛

昭和八年①六月初旬，我與廣島文理科大學植物學教室的職員、學生等二十八人，一起去了廣島縣山縣郡的三段峽。

當時，我們穿過了三段峽向北走，於六月三日在八幡村的蓬旅館下榻。這間旅館是農舍型的大草屋，周圍都是農田。

隔天六月四日，我起了個清早，走到庭院，發現屋簷下竟然空懸著一顆直徑約八公釐的小石頭，距離地面大概有一百二十公分高。

這情景實在太有趣了，於是我仔細觀察，發現小石頭是被一根蜘蛛絲吊著，而且懸吊的方式非常巧妙。

我想蜘蛛大概是先從屋簷出發，吐出一根絲降到地上，在地上挑了一顆合適的石頭，

①西元一九三三年

把絲穿過石頭底部並繞回頂端打結，再吐一根絲從橫向牢牢固定，以免石頭上的兩條絲鬆脫。而這蜘蛛從屋簷下來時，絲的另一頭可能就纏在屋簷上，於是牠把石頭的部分留在地面，自己沿著一開始垂下的絲重新爬回屋簷，再從屋簷上牽動蜘蛛絲，把底端的石頭往上拉。

為什麼蜘蛛要如此大費周章呢？大概是因為牠想藉由石頭的重量將這條垂直的絲拉緊，當作結網時的外框主樑。也許是屋簷太遼闊了，缺乏角落讓結網用的主樑，也就是骨架絲附著，所以蜘蛛才發展出了這種非凡的智慧。

遺憾的是，我並未當場見到蜘蛛，所以也不曉得那是什麼種類。回到東京後，我請教了知名蜘蛛學權威岩田久吉兄，但他說自己也是第一次聽聞蜘蛛會懸石，所以我仍然不曉得那蜘蛛叫什麼名字。

不過，我雖然尚未查明它是什麼蜘蛛，但畢竟確有其蛛，我便搶先替牠取了「懸石蜘蛛」之名。這是我第一次跨界替動物命名，如有不妥還請諒解。

昭和十年①的秋天，我又在同一間旅館下榻，這次我仔細觀察，卻完全不見牠的蹤影。

①西元一九三五年

我想那蜘蛛一定是新種，值得投入心力採集、研究，將新學名昭告天下。不知將來會是誰獲得這項成就呢？

⊙ 牧野富太郎爬過的山

三段峽

所在地：廣島縣

海拔：三五〇〇至八〇〇公尺

三段峽是一條長達十三公里的峽谷，屬於西中國山地國定公園的一部分，為國家特別名勝。它源自廣島縣的最高峰——恐羅漢山，也是流經廣島市的太田川源頭。峽谷中有三瀑、二段瀑等眾多瀑布與奇岩怪石，景色壯麗無比，附近有廣袤的日本山毛櫸、日本七葉樹等原生林，楓紅美景遠近馳名。此外，這裡也是亞洲黑熊於本州最南端的棲息地，還能見到日本睡鼠、日本貂等野生動物。〔地圖㉞〕

〔三段峽〕

萬年芝

今日我提筆，是為了配合插圖轉載以前發表過的拙作《萬年芝一瞥》，此文收錄於昭和九年①六月發行的雜誌《本草》第二十二號。

①西元一九三四年

•〈萬年芝一瞥〉

萬年芝（亮蓋靈芝），俗稱「芝」，為靈芝的一種，在菌類中屬於擔子菌門多孔菌科，學名為 Fomes *japonica Fr.*，柄通常生於菌蓋一側的邊緣，不過柄位於菌蓋背面中央，模樣呈端正盾形的並不罕見，介於普通與盾形之間的居中型也不算少見。我手邊收藏了各種類型的萬年芝標本，大多是以前在常州筑波山的商行購買的。此外，幾年前我也在播州獲得了盾形萬年芝的標本。

萬年芝在日本有許多別稱，例如「采配茸」、「門出茸」、「首途茸」、「吉祥茸」、「靈芝」，這些是以吉祥寓意來命名的；另外也有「孫杓子」、「貓杓子」、「山神杓子」，這些則是以外形來命名的。

中國說芝有五色，據小野蘭山所述，此五色芝「為仙藥而非凡品，然此說怪異，不可盡信」，我認為他說得沒錯。

我國學者將上述萬年芝歸類為靈芝中的紫芝。根據《本草綱目》記載，芝分為青芝、赤芝、黃芝（又稱「金芝」）、白芝（又稱「玉芝」、「素芝」）、紫芝（又稱「木芝」）共五種，而紫芝便是萬年芝。

以下節錄中國古籍《花鏡》中有關靈芝的章節，內容相當有趣。

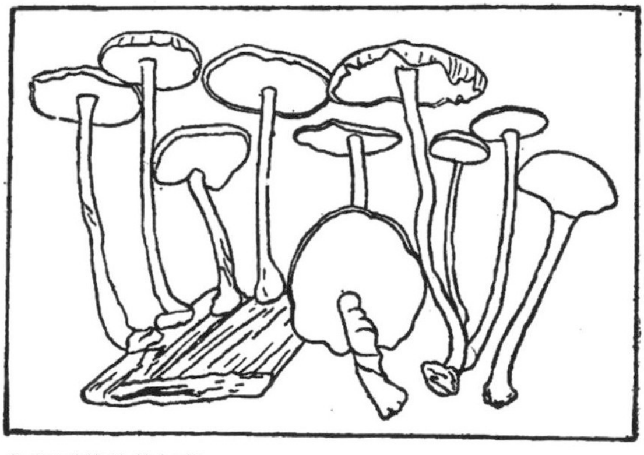

各種形狀的萬年芝

靈芝，一名三秀，王者德仁則生，非市食之菌，乃瑞草也。種類不同，惟黃紫二色者山中常有。其形如鹿角，或如繖蓋，皆堅實芳香，叩之有聲。服食家多採歸，以蘿盛置飯甑上，蒸熟晒乾，藏久不壞，備作道糧。又芝草一年三花，食之令人長生。然芝雖稟山川靈異而生，亦可種植。道家植芝法，每以糯米飯搗爛，加雄黃、鹿頭血，包曝乾冬笋，候冬至日，埋於土中自出。或灌藥入老樹腐爛處，來年雷雨後，即可得各色靈芝矣。雅人取置盆松之下，蘭蕙之中，甚有逸致，且能耐久不壞。

後面列舉了五色芝、木芝、草芝、石芝、肉芝等諸多種，再接續下文。

芝原仙品，其形色變幻，莫可端倪，故有靈芝之稱，惟有緣者得遇之耳。據採芝圖所載，名目有數百種，茲止錄其十分之三，以借山林高隱之士，為服食參考之一助也。

中國畫中經常出現靈芝圖，而且菌蓋上總會加上粗粗的鬚狀線，這大概是在呈現松葉落於菌蓋上的模樣吧？若是畫匠應該更能瞧出箇中玄機。

「芝」字原本寫作「之」，為象形字，在篆書中象徵草生於地面的模樣，但後人借用「之」當作其他詞彙，才不得不加上「艸」字頭，以區別兩者的含義。

有關芝，李時珍在其著作《本草綱目》芝篇〈集解〉中，提到：

芝類甚多，亦有花實者。本草惟以六芝標名，然其種屬不可不識。神農經云：山川雲雨、四時五行、陰陽晝夜之精，以生五色神芝，為聖王休祥。瑞應圖云：芝草常以六月生，春青夏紫，秋白冬黑。葛洪抱朴子云：芝有石芝、木芝、肉芝、菌芝，凡數百種也。

由此可見在中國，「芝」的範圍非常廣泛，其中當然包括了萬年芝等菌類，但也有其他形態各異的菌類，而且似乎也涵蓋了環菊珊瑚一類的海洋珊瑚礁，還有玉石、方解石，以及呈菌形的寄生植物等等。

《本草》雜誌上的文章到此結束，接下來我想稍作補充。針對盾形的萬年芝，我提出了一個新名稱 forma peltatus（「盾形」之意），學名定為：Fomes dimidiatus (*Thunb.*) *Makino*, nov. comb. (=*Boletus dimidiata* Thunb. Fl. Jap. p.348, tab. XXXIX. 1784) forma peltatus *Makino* (Stipe inserted to pileus centrally or excentrically.)，取新名為「唐傘萬年芝」①。

然而川村清一博士的《食菌與毒菌》與《日本菌類圖說》②、朝比奈泰彥③博士監修的《日本隱花植物圖鑑》④、廣江勇博士的《最新應用菌蕈學》⑤等書中，卻看不到任何有關盾形芝（forma）的記載，可見菌學家對此並無太大興趣。

我把上述通貝里所著的《日本植物志》中，文章所附的萬年芝插圖從書中描下來刊登在此。這是西洋書籍所記載的第一張萬年芝寫生圖。

去年我在廣島縣安藝國的三段峽入口，找到了一株銀白色的萬年芝，菌蓋直

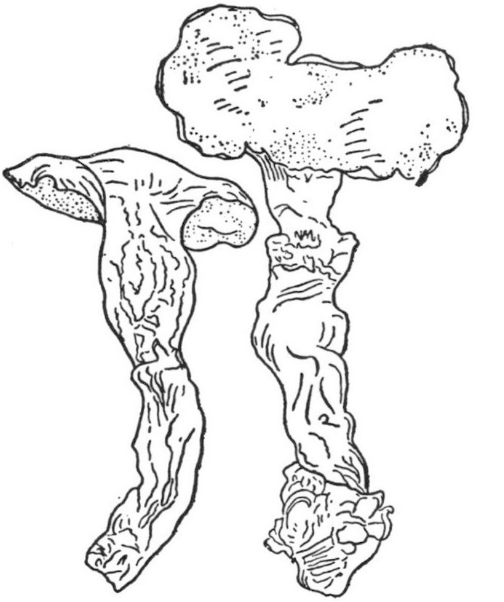

《日本植物志》所附萬年芝插圖
Boletus dimidiatus *Thunb*.
Mannen Taki
（*Thunberg*, Fl. Jap. p.348, tab. XXXIX）
Fomes dimidiatus *Makino*（nov. comb.）

①日文為：カラカサマンネンタケ
②《食菌と毒菌》、《日本菌類図説》
③朝比奈泰彥（一八八一—一九七五），日本藥學家、化學家。
④《日本隱花植物図鑑》
⑤《最新応用菌蕈学》

徑大概有十公分，我把它帶回了東京。根據菌體的顏色，我稱它為「白萬年芝」，學名不詳，我猜這可能是一個新物種，必須擇日向菌學專家請教才行。

⊙ 牧野富太郎爬過的山

三段峽，見178頁

地獄蟲

〔佐川山野〕

我出生於土佐國①高岡郡的佐川町，小時候常常到鎮上金峰神社的山裡玩耍。對小孩來說，山是一個樂趣無窮的地方，我們會帶著鐮刀去砍樹，冬天時會設置捕鳥器（抓小鳥的陷阱，土佐方言叫「コボテ」），還會採菇，甚至是紮營玩騎馬打仗。

平常我們都稱這座金峰神社為「午王神」，祂是我們的守護神。從山麓爬上一長串石階後，就會抵達神社境內，社殿前有一個非常遼闊的神庭，也就是廣場。

神社周圍是森林，樹種大多為常綠樹，除了朝著神殿的南邊懸崖以外，其他三面都是斜坡、地勢比神庭低，而森林就在那裡。西坡林中有一棵巨大的栲樹，我們都叫它「大栲」，那是一棵高聳的神木，必須快兩個人才能環抱。

每當秋天來臨，栲果成熟掉落時，孩子們就會紛紛跑到這座神社的山裡撿栲果。

①土佐國：日本舊令制國之一，又稱土州，即今日高知縣。

栲樹的果實大多圓滾滾的，更精確來說這是小椎，別名「圓椎」，不過我們當地人都簡稱之為「栲」。其中果實較大的稱為「藥罐栲」；果實極小且細長的稱為「小米栲」，不過這種非常罕見就是了。

這棵大栲樹生長在山坡上，大家自然而然就會跑去樹下撿栲果。樹蔭被繁茂的枝幹遮蔽，陽光照不太進來，既昏暗又潮濕，落葉堆積如山。

有一天，我來這裡撿栲果。我不斷撥開落葉，尋找掉下來的栲果，卻在掀起落葉的一瞬間，被眼前的情景嚇得放聲大叫。落葉堆裡有上百隻數不清的蛆在蠕動，這種蛆是灰色的，體長大約兩公分，模樣就像廁所裡的蛆但是少了一節尾巴，牠們排成一列寬約五公分的隊伍，密密麻麻地在蠕動。

我本來就很討厭毛毛蟲（土佐方言叫做「イラ」）之類的蟲子，一見到這麼多蛆，只覺得頭皮發麻，二話不說趕緊離開。即使到了今天，一想起那一幕，我眼前仍會浮現萬蟲鑽動的模樣，令我寒毛直豎。不過自從那天之後，我就再也沒有遇到那種蟲了。

那棵大栲樹後來枯死了。我許久沒回鄉，兩三年前回老家探親時順道去看了一下，才發現它已經完全不見了。

見到那種蛆蟲後，我告訴了跟我同町的同學堀見克禮這件事，他說：「那是地獄蟲。」我也不知道當時還是小孩的他怎麼會知道這個名字，也許是他即興創作出來的，直到現在這都還是個謎，如今他已去世，我也無法向他求證。不過，無論如何，「地獄蟲」這個名字確實很適合那些棲息在陰暗潮濕落葉下的灰色蛆蟲。

我猜這些蛆蟲可能是某種孵化的蒼蠅幼蟲，不過最好能向專業的昆蟲學家請教。之前我曾經問過兩、三個人，但都沒有得到完整的答覆，心裡一直不是很踏實。

不過，現在昆蟲界人才濟濟，或許真能找到專家指點我一番，替我啟蒙。如果不幸找不到，我就要告訴日本昆蟲界，還有這樣一個未知的領域等待大家去探索。

順便講有一件有趣的事，金峰神社庭院西邊有一堵石牆，我記得在我年輕的時候，石牆上長出了腎蕨，而且那不是人工栽種的。腎蕨是一種分布於海濱的蕨類，而金峰神社明明位於內陸，距離海岸超過十五公里，中間還隔了好幾座山，卻能長出腎蕨，實在太稀奇了。可惜如今那些腎蕨早已絕跡，只能追憶了。

再講一件奇妙的事，離開佐川町向北方一直走，會來到一處叫「下山」的地方，當地有一條叫「梁瀨川」（ヤナゼ川）的河，河流沿岸的岩石上竟然有野生的海濱植物藤撫子。不過這是我年少時的事，如今當地早就沒有藤撫子，一樣只能追憶了。

狐狸放屁

〔佐川山野〕

小時候我常跑到故鄉佐川附近的山裡玩耍。有一次，我走在昏暗的栲樹林裡，將枯葉踩得沙沙作響，突然間，有個怪東西吸引了我的目光——一顆足球大小的白球從落葉間探出頭來。我心想不知那是什麼，小心翼翼地靠近，結果它靜悄悄的，一動也不動。

直覺告訴我：「哈，這一定是個菇菇怪。」於是我輕輕撫摸這顆大白球，體會它的觸感，確定那是一朵菇。「原來還有這麼奇特的菇，真是令人大開眼界！」我不禁大吃一驚。

回到家後，我向奶奶提起在山上看到的菇菇怪，奶奶也非常好奇，問道：「真的有這麼奇怪的菇嗎？」

女傭一聽，說道：「那會不會是狐狸放屁？」

我嚇了一跳，盯著她的臉。接著她又說：「嗯，真的很像狐狸放屁，在我們那兒，它也叫『天狗放屁』。」

這名女傭熟知各種草木、菇類的名字，常常令我自嘆不如。

有一次，我把從城郊小溪裡撈來的水草放在院子的水盆中，我不知道這種水草叫什麼名字，結果女傭說：「這水草很像異匙葉藻。」令我大吃一驚。後來我看了在高知買的書《救荒本草》，書裡記載一種叫「眼子菜」的植物，別名「異匙葉藻」，還真被女傭給說中了。

我在山上看到的菇菇怪就叫「狐狸放屁」，別名「天狗放屁」，名字十分古怪。這是一種菇類，雖然名字裡有「放屁」兩字，卻不像屁帶有惡臭，反而可以食用。這種菇常常忽然從地面上冒出來，白白圓圓的，模樣很奇特。

五、六月的時候，狐狸放屁會從竹林、樹林或墳場等地冒出來，大小如人頭。一開始很小，然後逐漸膨脹，變得出奇地大。起初它的顏色是雪白的，呈肉質，內裡紮實，口感嫩如豆腐，之後逐漸轉成褐色，變輕、中空，還會噴出煙霧四處瀰漫，這煙霧就是孢子，稱之為「孢子雲」或許更恰當。

深江輔仁在距今一千年前出版的《本草和名》中，將這種菇稱為「オニフスベ」，意思是「燻鬼」（燻煙驅逐鬼怪），但我認為「フスベ」不該解釋成「燻」，而要解釋成「瘤」，即「鬼瘤」，畢竟鬼的體格結實粗壯，一塊塊發達的肌肉就彷彿一顆顆碩大的瘤。至於有人認為可用它來燻鬼，這也未免太小看鬼了吧？

這種鬼瘤還是嫩菇時是可食用的。根據距今約兩百四十年前，正德五年①發行的《倭漢三才圖會》②記載，此菇「皮薄，色灰白，肉白，極似松露，煮熟後滋味清甜」，可見當時的人就已經知道可以食用這種菇，非常有意思。

川村清一博士是第一個確認此菇為日本特有種，並發表學名的人。

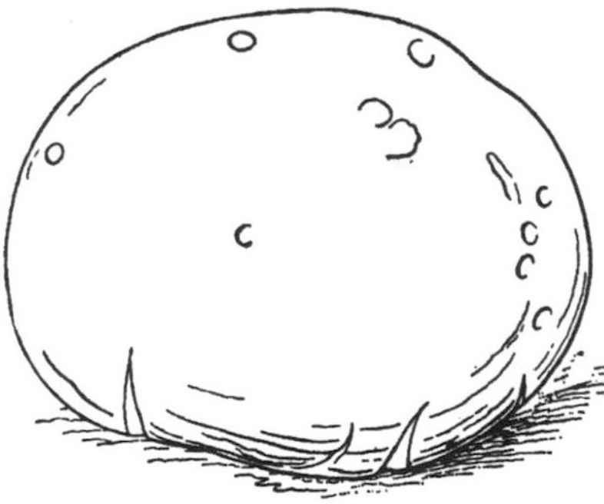

狐狸放屁（天狗放屁），又名「鬼瘤」。

①西元一七一五年

②《倭漢三才圖會》是一七一二年日本出版的類書。書名的意義是：「日本、中國天地人三界圖冊集」。

〔佐川山野〕

驚見鬼火

時間應該是明治十五、六年①左右，當時才二十一、二歲的我，時常在晚上從高知（土佐）走回位於西方的老家佐川町，路程長達約三十公里。

還記得，我當時很喜歡在夜裡走路回家，甚至三不五時就會這麼做，有時是獨自一人，有時是和兩三個朋友一起。

某年夏天，我一如往常獨自從高知走回佐川。距離老家不遠的加茂村裡，有一處叫長竹的地方，那裡有國道經過，一路通往南方，北國道兩側是低矮的山丘，對面的山勢則比較高。夜晚烏漆墨黑，一片靜悄悄的，連風聲都沒有。

那時大概是凌晨三點左右吧，我偶然一看，赫然發現高空中有一團火球，從西邊朝著東邊水平飛來。在我震驚之際，火球似乎撞到了山上的樹木或岩石，瞬間如煙火般爆

①西元一八八二年、一八八三年

炸消失了，之後又是一片漆黑。那團火球顏色偏紅，不像典型的鬼火帶有藍白幽光。

另一次發生在上述事件的前後不久，我一樣披著昏暗的夜色，從高知走回老家，途中經過一處叫岩目地的地方。我走的路位於岩目地矮丘陵的南側，這座矮丘陵上有一片樹林，還有一座小神社，當地人都稱之為「御龍神」，神社下方有一條路，是稍微向南偏離國道的小徑，小徑南邊有一片積水的濕地，長滿矮灌木和水草。這裡沒有農田，附近也不見任何一戶人家，是個非常荒涼、人煙罕至的地方，東南方有一座丘陵，丘陵底下有小溪流過，環抱這片濕地。

某年夏天，大概是在深夜三點或四點左右吧，我走在御龍神底下的小徑上，不經意地一瞥，發現東南方大約一百公尺遠的濕地上，灌木叢附近飄著一縷非常微弱、幽暗的火光，那縷火光極其幽微，後來就悄悄隱沒了。如今回想起來，那應該是一團鬼火吧，畢竟這一帶本來就常有「陰火」①（土佐人對鬼火的稱呼）出沒。

接下來應該是明治八、九年②左右，我在佐川町所目睹的鬼火。那日天色才剛剛暗下來，我在鎮上玩耍時，從兩棟房子之間看見了鬼火。那是一團非常幽微的大火球，宛如朦朧的月亮。只見那鬼火從空中斜斜、緩緩地向下飄，快飄到地面時就被房子擋住，

①土佐人稱為ケチビ，讀作kechibi。
②西元一八七五、一八七六年

看不見了。那個小鎮叫做新町，鎮外的東邊有一片稻田。

此外，四國有一個地方以鬼火經常出沒而聞名，地點在德島縣海部郡日和佐町附近，那裡有一條河，據說河畔三不五時就有鬼火出沒。如果想研究鬼火，去那邊應該會覺得很過癮。

〔橫倉山〕

所謂京丸牡丹

距今九十三年前，天保十四年①出版的古籍中，有一本叫做《雲萍雜誌》，這是淇園柳澤里恭②的散文集，其中卷三有這麼一篇文章：

某日吾於東海道濱松下榻，聽掌櫃言，沿天龍川往山行約六十公里，有一處名曰「京丸」。京丸位於河畔，乃遠江③、信濃兩國交界，尋常百姓鮮少踏足……吾請居民領路，聽聞登至山中溪谷，可見奇花。帶頭男子探勘，曰遠方有急流奔騰，濤聲震耳欲聾，遙望溪谷，只見巨木參天，樹上繁花朵朵，紅黃相間。夏日酷暑難當，領路人遂以樹葉蔽頭。據此遙望，奇花未如傳聞碩大。聽聞奇花萎凋後其瓣隨波逐流，有人於此河盡頭拾得，花瓣寬三十公分餘，然無人知此花為何木。遠江百姓稱之「京

①西元一八四三年

②柳澤（沢）里恭（一七〇三－一七五八），號淇園，日本文人畫家、漢詩人。

③遠江國：日本舊令制國之一，又稱遠洲。

丸牡丹」，至今口耳相傳。時濱松熙來攘往，百姓眾多，卻未曾有人尋至奇花溪谷……

這所謂的「京丸牡丹」當然不是真正的牡丹（牡丹原產於中國，日本並無天然牡丹）。據我所知，這很可能是木蘭科的日本厚朴，即 Magnolia obovata *Thunb.*。這種樹常見於山區森林中，往往會長成大樹，它生長速度極快，葉片聚集在枝端，排列如車輪，向四面八方展開，模樣十分壯觀。

初夏時節，新展開的輪狀大葉中央綻放著花朵，可以想見從高處遠遠俯瞰那幾片大花瓣展開的景象，白花在綠葉浪間浮現，熠熠生輝，一定顯得格外巨大。我曾經登上大名鼎鼎的橫倉山，這座山矗立於我故鄉旁的越智町以西，我記得從橫倉山中巍峨的不動崖邊（在土佐，我們稱瀑布為「崖」，而不是「瀑」，因此我們也稱鹿子百合為「崖百合」，將一種玉簪屬植物稱為「崖菜」，將岩煙草稱為「崖萵苣」，因為它們都生長在懸崖上），眺望廣袤如海的森林時，經常看到這樣的景象。

日本厚朴的花有數片花瓣，綻放時宛如蓮花，受到陽光照射而正開時（如圖示），直徑大約有二十公分，絢麗非常。上述《雲萍雜誌》的文章提到「花瓣寬一尺餘」，顯然是加油添醋了，實際上沒有大得那麼誇張。它的花黃中帶白，呈奶油色，具有濃郁的香氣，花蕊中央有許多紅色的美麗花絲，《雲萍雜誌》形容「繁花朵朵，紅黃相間」，指的正是花瓣的色澤與華美的花絲。這些帶花絲的雄蕊簇擁著蕊柱的腰部，蕊柱周圍有許多聚攏的雌蕊，到了秋天會化為長橢圓形的大型果穗，各個果片裂開後露出被白絲懸吊的紅色種子。木材則質地柔軟，在古代常用於製作刀鞘，現在也有各種用途，例如製成板材、板塊等等。葉子在秋天凋零，枝端會殘留鳥爪狀的大芽，芽於春天來臨時舒展，薄而大的托葉會隨風飄落，長出黃綠色嫩葉，嫩葉轉眼又變成翠綠大葉片並展開。盛夏時節，泛白的葉背隨風在山坡上搖曳，宛如翩然翻動的葛葉，景緻十分風雅。山村百姓會用這種葉子包裹物品，據

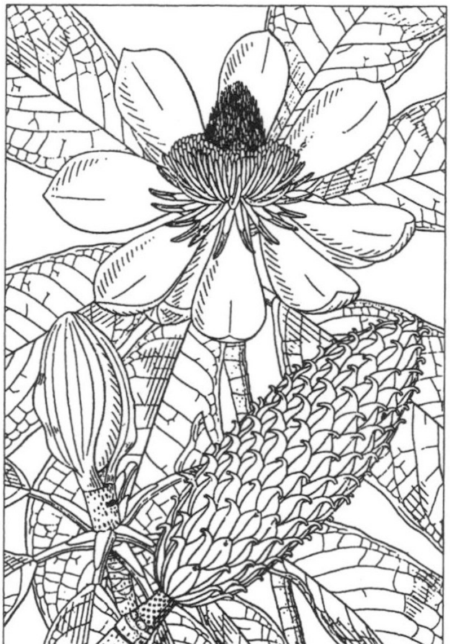
日本厚朴的花與果實，花有數片花瓣，綻放時宛如蓮花。

說在飛驒國，家中的日本厚朴都會列入家產。

日本厚朴與木蘭、日本辛夷、星花木蘭、柳葉木蘭（柳葉玉蘭的正名）同為木蘭屬，這些樹多少都帶有香氣。自古日本人將日本厚朴視為中國的厚朴，實際上並不正確，因為中國的厚朴學名是 Magnolia officinalis *Rehd. et Wils.*。我國曾將日本厚朴與厚朴畫上等號，所以直到現在仍會以仍「朴」字稱之，這其實就是省略自「厚朴」一名。

我國本草學家將日本厚朴稱為「浮爛羅勒」當然也是錯的，而且「商州厚朴」也絕非日本厚朴。日本厚朴並不產於中國，自然不會有中國名稱。

⊙牧野富太郎爬過的山

橫倉山
所在地：高知縣
海拔：八〇〇公尺

橫倉山地勢不高，但在當地的越智町以及縣內外都非常有名，原因之一是這座山的地質歷史悠久，可追溯至四億年前的志留紀，不僅曾出土日本最古老的化石「牙形石」①，還有珊瑚

①日文名為コノドント，英文名為 Conodont。

和三葉蟲的化石。此外，這裡植物種類繁多，出身鄰近佐川町的牧野富太郎因此常來爬山，發現了許多新物種並命名，例如橫倉衝羽根、橫倉木、土佐上臈杜鵑草等等，橫倉山也因此聲名大噪。〔地圖㉟〕

〔土佐深山〕

石吊蘭

「石吊蘭」這名字有點語焉不詳，它是一種稀有的常綠矮灌木，主要生長於土佐深山的大樹上，屬於玄參科①。花為筒狀，呈粉紅色，向側面綻放。肥後阿蘇的外輪山（我記得田代善太郎②曾在這兒爬大樹要摘石吊蘭，結果被木蜂③螫了）以及大和的吉野山中偶

日本天然記念物石吊蘭

①石吊蘭實為苦苣苔科植物，此處可能為誤植。

②田代善太郎（一八七二—一九四七），日本植物學者。

③日文名為クマバチ、熊蜂，學名為 **Xylocopa**。

爾也有它的蹤影，當年被指定為「天然記念物」①時，調查會委員之一的白井光太郎博士還向我請教過這種植物。

我曾經在土佐吾川郡的名野川村，北川的林中大樹上採集到它，帶回佐川町後安置於我家庭院的枯木上。它開花時，我還有親筆寫生，那張紀念圖如今仍保存在我手邊。

⊙牧野富太郎爬過的山

土佐深山

地點：高知縣

高知縣（土佐）是牧野富太郎的故鄉，位於四國地區的南部，縣內大部分都是森林綿延的山區，北部有四國山地橫貫，與愛媛縣、德島縣接壤。四國山地包括石鎚山（海拔一九八二公尺）、劍山（海拔一九五五公尺）、三嶺（海拔一八九四公尺）等等。「深山」並非山的名稱，而是指四國山地中海拔較高的深山區域。〔地圖㊱〕

①一九三二年日本將石吊蘭指定為天然記念物

櫻花寄情

〔奥土居〕

高知縣土佐國高岡郡佐川町是我出生的故鄉，鎮上有春日川流過，四周到處都是山，郊外是連綿的田園。

在明治維新以前，這裡由深尾家治理。深尾家享有國主山內侯①的特殊待遇，坐擁一萬石領地，此處便是核心地區。

因此，本地士紳眾多，學習風氣自然興盛。這片土地出身的近代名人，便有宮內大臣田中光顯、貴族院議員古澤滋（原名迂郎）、侍從片岡利和、縣知事井原昂、大學教授暨工學博士廣井勇、法學博士土方寧，以及醫學博士山崎正薰等等，可謂人才輩出。從前這裡就以「佐川山分有學者」而聞名，當時有一所學校由深尾家直轄，叫做「名教館」，專門教授儒學，所以本地也出了許多儒學家。

①佐川町為土佐藩主山內氏家臣的深尾家領地

從佐川町中心往南走有個叫做「奥土居」的地方，這是一塊小小的區域，東、西、南面都有山脈環繞，有一條小溪往外流。西側山邊有一座名為「青源寺」的寺院，是當地歷史悠久、聞名遐邇的古刹，背後有一片鬱鬱蒼蒼的森林，前方可俯瞰小溪流經的窪地。寺院前方和低地自古以來便有許多櫻花樹，全部都是日本山櫻。

距今五十多年前，明治三十五年①，當時土佐還沒有東京常見的染井吉野櫻，於是我送了數十株樹苗到土佐，一部分種植在高知的五台山，另一部分發放到我的故鄉佐川。如今五台山竹林寺的庭院裡，仍然有幾株當時的染井吉野櫻，那都是當年的寺院住持船岡芳作大師，用我送去的樹苗種出來的。不過，現在竹林寺的和尚似乎都不曉得這些染井吉野櫻的來歷。

當時我在佐川的友人堀田孫之，將樹苗分發到了佐川各處，其中若干株種植在上述的奥土居，與原本的日本山櫻為伍。

那些樹苗隨著光陰成長，到五十年後的今天已經變成需要合抱的大樹，每年四月枝頭都花團錦簇，與日本山櫻競相怒放，景色非常壯觀。

如今，奥土居已成為佐川町的一處賞櫻勝地，遠近馳名。從高知通往須崎港的鐵路

①西元一九〇二年

上，有一個佐川車站，而佐川町正好位於車站旁，因此每到櫻花季，賞櫻遊客便絡繹不絕、人山人海，當地會臨時開設各種店鋪和茶館，櫻花樹下處處都有人設宴，大大小小的燈籠點綴其間，熱鬧非凡，天色變暗就接著賞夜櫻，一直歡慶到深夜。

我對於自己送去的櫻花樹苗變得枝繁葉茂、花團錦簇，卻總是錯過賞櫻良機而一直感到很遺憾。於是我下定決心，時隔多年在昭和十一年[1]四月回故鄉，終於親眼欣賞到這些櫻花。看著我送的櫻花樹如此欣欣向榮，高興之餘卻也意識到自己與樹齡一樣增長了三十多歲，然而櫻花樹開得茂盛，我卻是虛度光陰、一事無成，徒增歲數而已，不禁感慨萬千。

不過，幸好我的一番心意沒有白費，櫻花樹都順利茁壯並盛開，多少吸引了一些賞櫻遊客，讓我的故鄉繁榮了幾分，這便是我當初送樹苗的初衷，所以我十分欣慰。為了讓賞櫻遊客更加盡興，我應故鄉朋友的要求，寫了一首詩歌並印成傳單，讓大家可以一起唱，炒熱氣氛。

歌詠歡唱佐川櫻，花雲悠揚滿城盈。佐川花海芬芳至，土佐賞櫻天下名。

[1] 西元一九三六年

歌いはやせや 佐川の桜
町は 一面 花の雲
匂う万朶の桜の佐川
土佐 で名高い花名所

⊙牧野富太郎爬過的山

奥土居

所在地：高知縣

奥土居種植染井吉野櫻的樹苗後，變成了賞櫻勝地，而樹苗都是佐川町出身的牧野富太郎饋贈的。居民復興戰後荒土，於一九五八年將奥土居改為「牧野公園」（公園內分葬了前一年逝世的牧野富太郎骨灰）。由於櫻花皆垂垂老矣，二〇〇八年起展開了櫻花重生計畫，公園內也培育了含稀有種在內的各種山野草，一年四季都有不同的美景。〔地圖㊲〕

〔井之內谷〕

訪豐後的野生梅花棲地

聽說九州的豐後和日向地區有野生梅花的棲地，我一直很想親身實地考察，然而九州距離東京遙遠，這個願望一直未能實現，心中難免有些遺憾。

不過這一次，我總算親眼見到了心心念念的野生梅棲地，實地探勘了一番，實現了多年來的夙願。

我於昭和十五年①十月十八日從東京出發，赴廣島文理科大學之邀，幫學生實地指導及上課。結束後，我在十月三十一日從宇品港啟航，於隔天十一月一日的清晨抵達豐後的大分市。

①西元一九四〇年

當地正在舉行為期四天的植物採集會，主辦單位是大分縣教育會，地點以同區的臼杵町和佐伯町為主，我便趁機去了有水團花大樹的四浦村久保泊，以及有三葉山香圓、樹杞、肥前真弓、椒草、車葉茜、紫麻等植物的津久見島。

這四天之中的十一月三日，我去探訪了野生梅花棲地，目的地在豐後南海部郡的因尾村內，名叫「井之內谷」，位於佐伯町偏南、向西約三十公里處。井之內谷的左右兩邊都是山，一條小溪從深山流淌而出，谷口處的溪畔有幾戶農家，愈往深處人煙愈稀少。從人煙稀少處到小溪兩岸，陸陸續續都有野生的梅樹，而且數量相當可觀，有老樹也有小樹，聽說在杳無人跡的山谷小溪盡頭也有梅樹。綜觀整座井之內谷，這裡的梅樹大大小小應該共計有數千棵。

那時正值晚秋，樹葉已經凋零大半，沒什麼景緻可言，唯有大小繁枝構成的獨特梅樹姿一覽無遺。不過，據說春天花開時，這裡的景色會變得非常優美，彷彿置身仙境。

據我所知，以前當地百姓認為這些梅樹無用，甚至會把它們砍掉，園藝行來挖梅樹做盆栽時，村民也樂見惱人的樹木被清除。不過，近年來愈來愈多人反對濫伐梅樹，便禁止砍伐了。如今因為時局影響，梅子價值提升，百姓便更加愛護這些梅樹了，畢竟可以採收梅子。

究竟日本是否跟中國一樣，有天然的野生梅樹呢？我曾經私下思考這個問題，結論是梅樹並非日本原生種，而是跟桃樹和李樹一樣，很久以前從中國傳入的。早在太古時代，大陸移民便來到了九州，梅樹可能就是那群古人帶來的，他們在所到之處種植梅樹，即便滄海桑田，移民消失了，屋舍不見了，但梅樹仍然在漫長的歲月間葉落花開，展現著源遠流長的生命力。如今放眼望去，之所以沒有非常古老的梅樹，是因為梅樹並不像日本柳杉、樟樹那麼長壽，梅樹會歷經世代交替，所以現在已經看不到古代梅樹了。梅樹的繁殖主要是靠梅子落地，自然孕育出樹苗來開枝散葉，但主要都是沿著溪流生長，可見梅樹喜歡這樣的環境。就跟河原榛木、銀柳總是生長在河邊一樣，逐水而生便是梅樹的天性。

根據大分縣《史蹟名勝天然記念物調查報告》第十五輯的記載，除了上述地點外，南海部郡因尾村的黑岩、切畑村的提內、上堅田大越的船河內、富士河內下堅田的石打，也是野生梅樹的棲地，此外還有其他地方也是，聽說在日向國北部地區也有野生梅樹的蹤影。

書於昭和十五年十二月十四日，大分縣別府的溫泉旅館。

⊙ 牧野富太郎爬過的山

井之內谷

所在地：大分縣

豐後位於現今的大分縣，縣花和縣樹為豐後梅。豐後梅是一種梅子，發祥於豐後地區，特徵是會開出碩大的花朵且果肉豐富，在九州以及日本各地皆有出產。本書提到的南海部郡因尾村井之內谷，就位於現在的佐伯市本匠附近，流經此地的番匠川以九州首屈一指的清流而聞名，河道陡峭曲折。〔地圖㊳〕

與植物相依為命的男人

我覺得自己出生在這個世上，就是要來當植物的伴侶。我甚至懷疑過自己是不是草木的精靈呢，哈哈哈哈。比起食物和美女，我更喜愛植物。這分愛沒有特殊的動機，換句話說，我天生就對植物著迷。奇妙的是，我的父親、母親、祖父、祖母，甚至我的親戚都是釀酒商，沒有一個人特別喜歡草木，可是我卻從小就酷愛親近草木。就讀老家鎮上（土佐佐川町）的學堂後沒多久，我進入了「名教館」這所鎮上的學校，後來又上了鎮上的小學，那段期間我都會跑到附近的山區親近植物。換言之，我對植物就是情有獨鍾。我因為不喜歡明治七年①就讀的小學而輟學，之後再也沒有進入任何學校，而是透過自修來學習各種科目。在我漫長的自修歲月中，始終學習不輟、甚至可以說是玩得不亦樂乎的，正是植物學。

然而我從未想過要靠植物學出人頭地、名揚四海，直到今日我也沒有那樣的野心。我只是因為天生酷愛草木，所以全心全意投入其中，不管發生什麼事，我都不會放棄這

①西元一八七四年

門學問。我無師無門，索性天天在大自然的教室裡鑽研。因此，我不斷地走入山野，親身採集植物並觀察，這才累積了今天這一身知識。

我之所以跨入植物分類學的領域，日夜投入植物種類的研究且從未離開，正是源於這樣的經歷。儘管時光飛逝，今年我已經七十二歲了，但基於對植物的熱情，我仍然每年到處旅行，累積實地研究的經驗，而且樂此不疲。換句話說，這就是我的嗜好。我已經持續這樣做了約六十年，在這漫長的歲月裡，我掌握了許多植物的「現象」，卻從來不敢傲慢地自認大獲成功。我總是時時保持學生的心態，只因我深感自己知識淺薄、遠遠不足。因此，我非常討厭在我面前擺出學者架子的人，只要是接觸過我的人，都會明白我的這種個性。畢竟就算學會了一點知識，與浩瀚的宇宙相比，也不過是滄海一粟，根本不足以掛齒。我所能做的，唯有在臨死之前，戰戰兢兢地多汲取一點知識而已。

我大概一輩子都會像這樣與植物相依為命吧。基於對植物的熱愛，即使是在明治二十六年①，我從民間被邀入大學，生活極為困頓之時，我也勇於繼續研究植物。當時的薪水非常微薄，生活費、多名子女（共十三個）的教育費逼得我不得不借貸，不時還會有人上門討債，但我仍然不以為意，抱著「要討就來討吧」的心態，窩在一旁的書桌

①西元一八九三年

繼續撰寫植物專欄。儘管這已經是陳年往事，但如今我的薪水仍然遠遠不夠支付我的生活費，好在我也拚了老命努力賺錢貼補家用，才不至於像從前那樣捉襟見肘。我雖然在經濟上並不富裕，但我從來不怨天尤人。我認為這就是我的命，這就是我的因果。

年復一年，我左手與貧困搏鬥，右手與學問奮戰。在家徒四壁的時候，我也一刻都沒有背離學問，始終研究不輟，因為我對植物實在太入迷了。心情沮喪時，我只需投入植物的研究，就能忘記一切煩惱。是植物令我身體健康、充滿勇氣，助我捱過漫長的困境。此外，我生性樂觀、心胸豁達，未曾罹患神經衰弱症。從小到現在我也不喝酒、不抽煙，自然不會靠這些癮品來抒壓。有一家報紙把我描述成酒鬼，實在是子虛烏有。

前面我也提過，我已邁入古稀之年，但如今身體依舊硬朗，堪比古代的伏波將軍，體能與年輕時相比也沒衰退多少。「眼睛明亮、牙齒牢固、四肢強健、勤奮工作」正是我的口號。不過再怎麼健康，我大概也活不到一百歲吧。植物學泰斗伊藤圭介①先生高齡九十九歲才逝世，若我有幸活到那樣的歲數，一定滿心歡喜地勤學到最後一刻。目前我還有兩大事業尚未成功，未來我必當排除一切困難，全力以赴，努力展現土佐男兒的精神。古人說「精神一到，何事不成」我深信這是一句歷久不衰的金玉良言。啊，抱歉

①伊藤圭介（一八〇三—一九〇一），醫生、植物學家、博物學家，日本首位理學博士。

讓大家看我東拉西扯，且容我拙吟兩句：

朝夕伴草木，一生不孤獨。

私塾學者——牧野富太郎的腳步

梨木香步

・在野學者

與牧野富太郎一起爬山，是一個非常有趣的主題。

儘管牧野一生之中待在大學研究室的時間並不短，但世人對他「在野學者」的印象卻更為強烈，這大概與他「天生的植物學家」形象有很大的關連。他並非「碰巧會念書就選了植物學」，而是「非植物學不選」。

本書的一大看點，在於牧野描述了童年時期在故鄉佐川山區玩耍的回憶，讀來字裡行間皆彌漫著四國常綠闊葉林帶濃郁的森林氣息。在他後來與登山有關的記述中，最具特色的就是他會將每個場景描述得躍然紙上，讓人彷彿置身他所在的山林。而這都要歸功於他自幼養成的觀察習慣。身為一名作家，牧野在情景描寫上可謂綿綿不絕卻又簡單扼要，而且一定會標明必要資訊。例如有一條溪，就會寫溪水從何而來、流向哪裡；有一座山丘，就會描述它的方位與山勢規模，之後再一一帶過當地的植物名稱。讀者能切身感覺到這裡有這種植物，代表這是在山陰；有另一種植物，表示有些地方濕氣較重，有些地方則較為乾燥；這裡闊葉樹很多，冬天葉子枯萎後，採光一定很好；這裡的泥土長滿高山植物，一定混有碎石（就連乍看與植物無關的〈驚見鬼火〉一文，牧野也以令人匪夷所思的程度鉅細靡遺描述了地形。文中雖然完全沒有提及磷火，資訊卻多得足以實施科學分析）。即使只是舉出植物名稱，例如這裡有一整片偃松，讀者腦海中也會浮現出栩栩如生的風景——低矮蒼翠的偃松覆蓋著山脊，視野中央到上方是一望無際的晴空——這正是偃松生長的環境。在牧野的筆下，山巒近在眼前。佐川山區相關的散文〈狐狸放屁〉裡，有一位見多識廣的女傭。這名女傭也非常有趣，「（她）熟知各種草木、菇類的名字，常常令我自嘆不如」，想到農村裡也有能與牧野匹敵、熱愛植物的女子，就令人振奮不已。這可是在野學者（牧野）與在野學者（女傭）難得的交手，真希望牧野能想起她的名字，在文中記錄下來。

根據自傳，牧野富太郎在九、十歲左右於當地學堂接觸了基本科目，拜師伊藤蘭林①，修習書法、算術、四書五經。之後，他轉入領主的家塾，也就是後來成為鄉學的「名

①伊藤蘭林（一八一五—一八九五），日本儒學者。

教館」，在那裡學到了當時最先進的地理、天文和物理知識。目前為止的教學內容皆深得他所好，因此他三天兩頭就往老師那裡跑。然而，十二歲左右，由於當時頒布了新學制，他被迫就讀小學，而小學並不適合他。他早已接觸過進階的學問，當然無法忍受從頭學習基礎知識，於是他輟學了，學歷從此中斷。輟學後，他仍一心求知，進入了位於高知的私塾，學習歐美植物學的知識，度過了充滿活力的少年研究生活。

他表示「我不喜歡（學校），所以輟學了」，至於原因「我目前還不清楚」。也許癥結點在於學校千篇一律的填鴨式教育，忽略了每個學生都有不同的天賦與興趣所在。早在那個時代，這個問題就已經浮出檯面。

・天真爛漫

介紹牧野富太郎的文章常會有以下敘述「年幼時失去雙親，小學中輟後，自修植物學」。這樣的描述固然沒錯，卻像是在介紹於貧困中苦讀的偉人。然而實際上，他出身於富裕的釀酒商，在祖母的悉心呵護下長大。他之所以能從外國訂購書籍和器材，也是歸功於家中能幹的掌櫃不斷在經濟上支持他。他熱愛植物，一心想深入研究草木，遂前往東京大學理學院的植物學研究所，取得了教授的許可並出入研究室。想必教授也因為牧野的博學和對植物的熱情，被迷得暈頭轉向吧。

然而隨著牧野在國際上獲得肯定，教授也從意亂情迷中幡然醒悟（或許是忌妒他，又或許是遭情勢所逼，畢竟研究室的知識財產不能任外人予取予求，也可能兩者兼有）。仔細梳理，會發現東京大學對他的態度反反覆覆，一會兒被迷得七葷八素，一會兒又清醒過來，想方設法趕他出去，然後又有其他人為他著迷——就連祖母和掌櫃，也不惜耗盡萬貫家財，即便破產也要供應他研究費與生活費。

不過最辛苦的還是牧野富太郎的妻子壽衛，她在十六歲時嫁給他，過著捉襟見肘的生活，還生下十三個孩子。為了撫育孩子長大並捍衛牧野的研究，她經常獨自與討債人周旋（債主上門時門口會立旗子，牧野總是確定旗子降下後才敢回家）。

為了籌措生活費和研究資金，她甚至經營起茶館，最終因為疲於奔命，五十多歲便過世了（但要說她過得不幸福嗎？這點只有她自己才能下定論。）牧野自小對植物學的熱情，幾乎迷倒了以祖母為代表的所有親朋好友。或許是他探究植物學的熱情，以及勤奮好學的態度，讓大家發現自己心中也有類似的單純夢想，進而激起了保護他的欲望吧。

事實上，牧野富太郎的「單純」還有另一個層面——幼稚，這麼講可能會有語病，稱為「天真爛漫」更恰當。牧野在樂不可支的時候，經常隨口吟出充滿赤子之心的詩詞，例如本書〈可口的食用菌——馬糞蕈〉中的大量俳句便令人拍案叫絕，彷彿看到了國小男生因為「大便」一詞而興奮得手舞足蹈。不光是這一篇，當讀者看到類似的有趣篇章時，肯定都會因為他活潑的筆觸而會心一笑。

此外，他雖然在公眾場合信誓旦旦地說自己對地位、聲譽和功名「沒有野心」（第210頁），但在〈因廁得福〉這一篇中，卻又像個孩子不斷爭辯自己比大久保三郎早了六、七年採集到羅漢柏羊栖菜菌。其實他並不是在找碴，而是他的個性就是不吐不快。

他還說希望再遇到一次大地震，想看富士山爆發。不僅如此，他還企圖把火山一分為二，簡直是口無遮攔。然而，這份天真爛漫正是他研究的原動力，這點毋庸置疑。從〈懸石蜘蛛〉可得知，他即使在專業領域之外，也依舊「明察秋毫」，而這正是他的生活之道。

大概是因為他有著一顆閃閃發亮、難得一見、教人無法招架的「天真爛漫」，所以在他陷入人生困境之時，總會有男男女女對他伸出援手吧。

•私塾學者——牧野的真本領

在〈《草木圖說》的澤薊與真薊〉一篇中，有這樣的描述：「圖解中收錄的澤薊圖與一旁的真薊圖兩者放反了，至今卻從未有人發現。」以及「也許圖片放錯只是作者偶然搞錯了順序，卻導致我們現在修正時，得將過去植物界慣用的澤薊與真薊的和名顛倒過來。」雖然我孤陋寡聞，不過據我所知，現在這兩個名字依舊沒有「顛倒過來」。Cirsium sieboldii 人稱真薊，但這所謂的「真薊」偏偏生長在濕地和沼澤。

以孩子單純的眼光來看，這就如同「國王的新衣」，稱之為「澤薊」顯然更恰當。牧野的追根究柢還不只於此。「近江國伊吹山腳下的村民」自古就會摘真薊來食用，對真薊的形狀肯定瞭若指掌，問題在於這個「真薊」到底是澤薊還是真薊呢？照理說只要不是新品種，自古流傳的稱呼就應該是植物的本名才對。於是，牧野請住在京都的朋友前往伊吹山腳，總算取得了那種植物，發現它的葉片寬大又柔軟，於是「心滿意足，高興得不得了」（過去人們口中的「真薊」葉子狹窄而多刺，並不適合食用。換言之，這種植物正是牧野當時堅稱「正確」的澤薊）。此番謎團儼然已在他心中拍板定案，然而牧野去世以後，真薊卻從昭和年間首度出版的《牧野新日本植物圖鑑》之中消失了，只在「澤薊」的項目中驚鴻一瞥，與水薊、煙管薊並列為澤薊的別名。都已經詳盡闡述澤薊和真薊的區別了，牧野啊，你這又是何苦呢？這代表了一件事——他在獲得新知後，可以毫不猶豫推翻自己從前的說法。得出此番結論，想必過程也是一波三折吧。

他在「澤薊」項目的結尾寫道：「除了本書摘錄的物種，日本還有約七十種薊類，彼此之間的關係錯綜複雜。」足見他下過多少苦功。如此真誠、毫不矯飾的行文，或許正是源自江戶時代末期盛行於日本各地、他所耳濡目染的私塾風範吧。

大學學術圈的人叫做「大學學者」，那麼當然也有「私塾學者」，這群人百花齊放，個性又「偏執」，卻自成一個完整的宇宙。每間私塾都充分展現了創辦者各自的心性，可謂與公家學校截然不同。不拘泥定論、不失赤子之心，不顧形象也要一解心中的疑問——這正是私塾學者牧野的真本領，他是在野最閃亮的一顆星。

想與牧野一同漫步山野之間的人，絕對不只有我。

好評推薦

（依姓氏筆畫序）

當植物「厤瓜」遇上花型葉型花色姿態撩人或是沒見過的植物，無不殷盼能夠知道他們的名字、特性、生長環境，這時候不禁欣羨起牧野富太郎，竟然能靠自學成一家。植物分類在所謂的「滴血認親」——驗 DNA 問世之後，產生親屬大挪移現象，許多分類固然與百年前的牧野富太郎大相逕庭，但他發現的過程與不顧一切任性追逐植物的故事，卻是毫無時代杆格的。透過本書，好像他就在眼前，我們緊緊跟著他的沿途以各種姿勢觀看植物；啊！若是能親見牧野，跟他仆地伏仰掏挖，豈不快哉。

——古碧玲／作家

在科學史中，總有幾號人物，不受世俗規範，無拘無束，探索世界的奧祕，樂此不疲。本書主角牧野富太郎便是這一類人物。跟著牧野去爬山，你得以窺見這位「日本植物學之父」如何經驗與描寫日本的地景。從他細膩的觀察與脫韁的想像中，你會想起，我們都曾經是這樣的人物。那是在小時候，你對一草一木都感到好奇，你愛你所選，執著於所愛。你會想要如牧野一樣地走入山中，重燃對事物的好奇，以身為度地丈量自己與那些非人物種的距離。

——洪廣冀／臺大地理環境資源學系副教授

想像跟隨牧野富太郎的腳步，伴著其如孩童般天真的筆觸與追根究柢的文字，回到一百多年前壯麗的日本群山觀察花草樹木，我這個常在日本登山、也曾經是植物研究相關的學習者，心中不由充滿一種難以言喻、清新又溫暖的滿足感。

——崔祖錫／山岳探險與旅遊攝影作家

牧野富太郎的遊記是日本山野最珍貴的記憶資產。《山林花草追尋記》不僅帶領我們遨遊日本神奇美麗的山岳世界，更揭示了由其孕育而生神祕、繽紛的植物群像，和它們與世界各地之間的有趣聯繫。

透過牧野博士熱情又帶有童趣的文字，讓我們暫時告別眼前充斥短影音的浮誇世代，回歸自然，極命草木，向那個以紙筆通往寰宇的美好年代致敬。

——游旨价／作家

本書穿插著許多重要研究者的身影，相信對喜愛科學史的台灣讀者而言，會是相當有趣的史料。而即便不認識作者，牧野敦厚的文筆，搭配著電視劇閱讀，想必任何人也都會愛上這位植物學家的。

——黃瀚嶢／生態圖文創作者

兼具科學訓練與感性的牧野富太郎，散文獨具匠心。牧野筆下看似閒散的植物故事，其實獨具自然慧眼，隨之出現的人物和典故也都大有來頭。梨木香步搭配牧野如此有趣組合，是熱愛文學、自然與歷史之人都不能錯過的好書。

——蔡思薇／暨南國際大學歷史學系助理教授

名詞對照表

＊譯名以中文筆畫順序排列，植物僅列在第一次出現篇章的對照表中，後面不再重複條列。

譯名	日文名	學名

為什麼花會散發香氣？

八角金盤	八つ手、やつで	*Fatsia japonica*
合歡木	合歓木、ねむのき	*Albizia julibrissin*
菊科	キク科	Asteraceae
藤	フジバカマ、藤袴	*Eupatorium japonicum*
蘭科	蘭科、ラン科、らん科	Orchidaceae

■從北海道到東北

〔利尻山〕利尻山及其植物

一人靜	ヒトリシズカ、一人静	*Chloranthus quadrifolius*
九眼獨活	ウド、独活	*Aralia cordata*
八丈菜	ハチジョウナ、八丈菜	*Sonchus brachyotus*
十文字羊齒	ジュウモンジシダ、十文字羊歯	*Polystichum tripteron*
千代萩	センダイハギ、千代萩	*Thermopsis lupinoides*
千島岩蕗	チシマイワブキ、千島岩蕗	*Micranthes punctata*
千島風露	チシマフウロ、千島風露	*Geranium erianthum*
千島笹	ネマガリダケ、根曲竹、チシマザサ、千島笹	*Sasa kurilensis*
千島辣韮	チシマラッキョウ、千島辣韮	*Allium splendens* var. *kurilense*
千島龍膽	チシマリンドウ、千島竜胆	*Gentianella auriculata*
千島雛罌粟	チシマヒナゲシ、ちしまひなげし、千島雛罌粟	*Papaver fauriei*
千島櫻	チシマザクラ、千島桜	*Prunus nipponica* var. *kurilensis*
大山衾	オオヤマフスマ、大山衾	*Moehringia lateriflora*
大葉四葉葎	オオバノヨツバムグラ、大葉の四葉葎	*Galium kamtschaticum* var. *acutifolium*
大雌羊齒	オオメシダ、大雌羊歯	*Deparia pterorachis*
小岩蓮華	コイワレンゲ、小岩蓮華	*Orostachys malacophylla* var. *aggregeata.*
山鼻草	ヤマハナソウ、山鼻草	*Saxifraga sachalinensis*
山貓柳	バッコヤナギ、山猫柳	*Salix caprea*
五葉莓	ゴヨウイチゴ、五葉苺	*Rubus ikenoensis*
天南星	テンナンショウ、天南星	*Arisaema*
日本蛇蘚	ヒメジャゴケ、姫蛇苔	*Conocephalum japonicum*
日本薊	キタミアザミ、キタカミアザミ	*Cirsium nipponicum*
毛連菜、剃刀菜	コウゾリナ、剃刀菜、顔剃菜、髪剃菜	*Picris hieracioides* subsp. *japonica*
毛當歸	シシウド、猪独活	*Angelica pubescens*

犬胡麻	イヌゴマ、犬胡麻	*Stachys aspera* var. *hispidula*
瓜槌草	ツメクサ、爪草	*Sagina japonica*
白吾亦紅	シロワレモコウ、白吾亦紅	*Sanguisorba tenuifolia* var. alba
白花苦菜	シロバナニガナ、白花苦菜	*Ixeridium dentatum* subsp. *nipponicum* var. *albiflorum*
白蓬	シロヨモギ、白蓬	*Artemisia stelleriana*
伊吹麝香草	イブキジャコウソウ、伊吹麝香草	*Thymus quinquecostatus*
多花野豌豆	クサフジ、草藤	*Vicia cracca*
羊茅	ウシノケグサ、牛の毛草	*Festuca*
色丹草	シコタンソウ、色丹草	*Saxifraga bronchialis* subsp. *funstonii* var. *rebunshirensis*
色丹繁縷	シコタンハコベ、色丹繁縷	*Stellaria ruscifolia*
艾、艾草	ヨモギ、よもぎ、艾、蓬	*Artemisia indica* var. *maximowiczii*
利尻牡丹金梅	リシリキンバイソウ、利尻金梅草、リシリボタンキンバイ、利尻牡丹金梅	*Trollius pulcher*
利尻附子	リシリトリカブト、リシリブシ、利尻附子	*Aconitum sachalinense*
利尻草	リシリソウ、利尻草	*Anticlea sibirica*
利尻紫雲英	タカネオウギ、高嶺黃耆，リシリゲンゲ（利尻紫雲英）的別名	*Oxytropis campestris* subsp. *rishiriensis*
利尻黃耆	リシリオウギ、りしりおうぎ、利尻黃耆	*Astragalus frigidus*
利尻龍膽	リシリリンドウ、利尻竜胆	*Gentiana jamesii*
利尻雛罌粟	リシリヒナゲシ、利尻雛罌粟	*Papaver fauriei*
弟切草	オトギリソウ、弟切草	*Hypericum erectum*
芒草	ススキ、芒	*Miscanthus sinensis*
車前草	オオバコ、大葉子、車前草	*Plantago asiatica*
坪菫	ツボスミレ、坪菫	*Viola verecunda*
岩刈安	イワガリヤス、岩刈安、苗代苺	*Calamagrostis langsdorffii*
岩弟切	イワオトギリ、岩弟切	*Hypericum kamtschaticum* var. *hondoense*
岩高蘭	ガンコウラン、岩高蘭	*Empetrum nigrum* var. *japonicum*
岩蓮華	イワレンゲ、岩蓮華、イワレンゲソウ、岩蓮華草	*Orostachys malacophylla* var. *iwarenge*
岩躑躅	イワツツジ、岩躑躅	*Vaccinium praestans*
東亞唐松草	アキカラマツ、秋唐松、秋落葉松	*Thalictrum minus* var. *hypoleucum*
河原松葉	カワラマツバ、河原松葉	*Galium verum* var. *asiaticum* f. *nikkoense*
泥炭苔	ミズゴケ、水苔	*Sphagnum*
狗筋蔓	ナンバンハコベ、南蛮繁縷	*Cucubalus baccifer* var. *japonicus*
花獨活	ハナウド、花独活	*Heracleum sphondylium* var. *nipponicum*
金梅草	キンバイソウ、金梅草	*Trollius hondoensis*
長白山陰地蕨	ミヤマハナワラビ	*Botrychium lanceolatum*

長萼瞿麥	カワラナデシコ、河原撫子	*Dianthus superbus* var. *longicalycinus*
南蛇藤	ツルウメモドキ、蔓梅擬	*Celastrus orbiculatus*
秋田蕗	アキタブキ、秋田蕗	*Petasites japonicus* subsp. *giganteus*
秋麒麟草	アキノキリンソウ、秋の麒麟草	*Solidago virgaurea* var. *asiatica*
紅梅消	ナワシロイチゴ、紅梅消	*Rubus parvifolius*
胡枝子	ハギ、萩	*Lespedeza*
苦菜	ノゲシ、野芥子	*Sonchus oleraceus*
扇羽陰地蕨	ヒメハナワラビ、姫花蕨	*Botrychium lunaria*
浪來草	ナミキソウ、浪来草	*Scutellaria strigillosa*
珠光香青	ヤマハハコ、山母子	*Anaphalis margaritacea*
細葉御蓼	ホソバオンタデ、細葉御蓼	*Aconogonon weyrichii* var. *alpinum*
臭菘	ザゼンソウ、座禅草	*Symplocarpus foetidus*
高山露珠草	ミヤマタニタデ、深山谷蓼	*Circaea alpina*
高嶺爪草	タカネツメクサ、高嶺爪草	*Minuartia arctica* var. *hondoensis*
偃松	ハイマツ、這松	*Pinus pumila*
深山木天蓼	ミヤママタタビ、深山木天蓼	*Actinidia kolomikta*
深山榛木	ミヤマハンノキ、深山榛の木	*Alnus maximowiczii*
深山濕氣羊齒	ミヤマシケシダ、深山湿気羊歯	*Deparia pycnosora*
細葉濱藜	ホソバノハマアカザ、細葉浜藜	*Atriplex gmelinii*
莓繋	イチゴツナギ、莓繋	*Poa sphondylodes*
軟棗獼猴桃	サルナシ、猿梨	*Actinidia arguta*
都笹	ミヤコザサ、都笹	*Sasa nipponica*
黃花石楠花	キバナノシャクナゲ、黃花石楠花	*Rhododendron aureum*
嵐草	アラシグサ、嵐草	*Boykinia lycoctonifolia*
紫花堇菜	オチツボスミレ（タチツボスミレ、立坪菫）	*Viola grypoceras*
腎葉酸葉	ジンヨウスイバ、腎葉酸葉	*Oxyria digyna*
菊葉鍬形	キクバクワガタ、菊葉鍬形	*Pseudolysimachion schmidtianum* var. *schmidtianum*
華鳳了蕨	イワガネゼンマイ、岩が根銭巻	*Coniogramme intermedia*
菽草	シオツメクサ、白詰草	*Trifolium repens*
雄寶香	オタカラコウ、雄宝香	*Ligularia fischeri*
椴松	トドマツ、椴松	*Abies sachalinensis*
睫穗蓼	イヌタデ、犬蓼	*Persicaria longiseta*
歌仙草	カセンソウ、歌仙草	*Inula salicina* var. *asiatica*
舞鶴草	マイヅルソウ、舞鶴草	*Maianthemum dilatatum*
樣似蓬	サマニヨモギ、様似蓬	*Artemisia arctica* subsp. *sachalinensis*
歐洲千里光	ノボロギク、野襤褸菊	*Senecio vulgaris*
蝦夷大葉子	エゾオオバコ、蝦夷大葉子	*Plantago camtschatica*
蝦夷子櫻	エゾコザクラ、えぞこざくら、蝦夷子桜	*Primula cuneifolia*

蝦夷小車	ポレヤナギ、エゾオグルマ、蝦夷小車	*Senecio pseudoarnica*
蝦夷犬薺	エゾイヌナズナ、蝦夷犬薺	*Draba borealis*
蝦夷四葉塩竈	エゾヨツバシオガマ、蝦夷四葉塩竈	*Pedicularis japonica*
蝦夷弟切	エゾオトギリ、蝦夷弟切	*Hypericum yezoense*
蝦夷岩旗竿	エゾハマハタザオ、蝦夷岩旗竿	*Arabis serrata* var. *glauca*
蝦夷岳樺	エゾノダケカンバ、蝦夷岳樺	*Betula ermanii*
蝦夷松	エゾマツ、蝦夷松	*Picea jezoensis*
蝦夷衾	エゾフスマ、蝦夷衾、シラオイハコベ、白老繁縷	*Stellaria fenzlii*
蝦夷菊蒿	エゾノヨモギギク、蝦夷の蓬菊	*Tanacetum vulgare* var. *boreale*
蝦夷雛臼壺	エゾノヒナノウスツボ、蝦夷雛の臼壺	*Scrophularia alata*
輪葉八寶	ミツバベンケイソウ、三葉弁慶草	*Hylotelephium verticillatum*
輪葉沙參	ツリガネニンジン、釣鐘人參	*Adenophora triphylla* var. *japonica*
蹄蓋蕨	メシダ、雌羊歯	*Athyrium*
鋸草	ノコギリソウ、鋸草	*Achillea alpina*
濱大蒜	ハマニンニク、浜大蒜	*Leymus mollis*
濱弁慶草	ハマベンケイ、ハマベンケイソウ、浜弁慶草	*Mertensia maritima* subsp. *asiatica*
濱沙參	ハマシャシン、ハマシャジン、浜沙參	*Adenophora triphylla* var. *japonica* f. *glabra*
濱豌豆	ハマエンドウ、浜豌豆	*Lathyrus japonicus*
濱繁縷	ハマハコベ、浜繁縷	*Honckenya peploides* subsp. *major*
穗咲七竈	ホザキナナカマド、穗咲七竈	*Sorbaria sorbifolia*
薹草	スゲ、菅	*Carex*
藤漆	ツタウルシ、蔦漆	*Toxicodendron orientale*

〔羊蹄山〕後方羊蹄山的名稱由來

羊蹄	ギシギシ、シ、シブクサ、羊蹄	*Rumex japonicus*
蓼科	タデ科	Polygonaceae
蓼（實）	ヤナギタデ、柳蓼	*Persicaria hydropiper*
土大黃	マダイオウ、真大黄	*Rumex madaio*
金蕎麥	金蕎麦、シャクチリソバ	*Polygonum cymosum*
大黃	ダイオウ、大黄	*Rheum*
櫟樹	ナラ、楢	*Quercus*
岳樺	ダケカンバ、だけかんば、岳樺	*Betula ermanii*
松毛翠	エゾノツガザクラ、蝦夷の栂桜	*Phyllodoce caerulea*

〔恐山〕握茸

日本山毛櫸	ブナ、橅	*Fagus crenata*
握茸、唐傘菇	ニギリタケ、カラカサタケ、唐傘茸	*Lepiota procera*（舊名）*Megalepiota procera*（新名）
羅漢柏	ヒバ、檜葉，泛指アスナロ（翌檜、明檜）及其變種ヒノキアスナロ（檜翌檜）	*Thujopsis dolabrata*
羅漢柏	ヒノキアスナロ、檜翌檜	*Thujopsis dolabrata* var. *hondae*

〔秋田山野〕秋田蕗漫談

蜂斗菜	フキ、蕗	*Petasites japonicus*

■從關東甲信越到中部

〔栗駒山、鳥海山、戶隱山、駒岳等〕山草的分布

十字花科	アブラナ科	Brassicaceae
千島小櫻	チシマコザクラ、千島小桜，トチナイソウ（栃内草）的別名	*Androsace chamaejasme* var. *lehmanniana*
大櫻草	おおさくらそう、大桜草	*Primula jesoana* var. *jesoana*
玄參科	ごまのはぐさ科、ゴマノハグサ科	Scrophulariaceae
白山千鳥	はくさんちどり、白山千鳥	*Dactylorhiza aristata*
白根葵	しらねあおい、白根葵	*Glaucidium palmatum*
白鮮薺	はくせんなずな、白鮮薺	*Macropodium pterospermum*
石竹科	なでしこ科、ナデシコ科	Caryophyllaceae
立山金梅	たてやまきんばい、立山金梅	*Sibbaldia procumbens*
立山龍膽	こみやまりんどう，タテヤマリンドウ（立山竜胆）的別名	*Gentiana thunbergii* var. *minor*
早池峰薄雪草	ハヤチネウスユキソウ、早池峰薄雪草	*Leontopodium hayachinense*
百合科	ゆり科、ユリ科	Liliaceae
竹縞蘭	たけしまらん、竹縞蘭	*Streptopus streptopoides* subsp. *japonicus*
米葉栂櫻	こめばつがざくら、米葉栂桜	*Arcterica nana*
伽羅木	ダイセンキャラボク、大山伽羅木	*Taxus cuspidata* var. *nana*
敗醬科	おみなえし科、オミナエシ科	Valerianaceae
谷地蘭	やちらん、谷地蘭	*Malaxis paludosa*
岩桔梗	いわぎきょう、イワギキョウ、岩桔梗	*Campanula lasiocarpa*
岩梅	いわうめ、岩梅	*Diapensia lapponica* var. *obovata*
岩梅科	いわうめ科、イワウメ科	Diapensiaceae
岩菖蒲	いわしょうぶ、岩菖蒲	*Triantha japonica*
岩團扇	いわうちわ、岩団扇	*Shortia uniflora*
岩鏡	いわかがみ、イワカガミ、岩鏡	*Schizocodon soldanelloides*
庚申草	こうしんそう、庚申草	*Pinguicula ramosa*
金鈴花、白山女郎花	きんれいか、金鈴花、白山おみなえし、白山女郎花	*Patrinia triloba* var. *palmata*
長葉北薊	ナガバキタアザミ、長葉北薊	*Saussurea riederi* var. *yezoensis*
青栂櫻	アオノツガザクラ、青の栂桜	*Phyllodoce aleutica*
南部犬薺	なんぶなずな（なんぶいぬなずな、南部犬薺）	*Draba japonica*
南部虎尾	なんぶとらのお、南部虎の尾	*Bistorta hayachinensis*
哈亞早熟禾	ナンブソモソモ	*Poa hayachinensis*
姬岩鏡	ひめいわかがみ、姫岩鏡	*Schizocodon ilicifolius*
柳草	やなぎ草、柳草、イブキトラノオ、伊吹虎の尾	*Bistorta major* var. *japonica*
栂櫻	つがざくら、栂桜	*Phyllodoce nipponica*

姬沙參	ひめしゃじん、姫沙参	*Adenophora nikoensis*
桔梗科	ききょう科、キキョウ科	Campanulaceae
高嶺堇	たかねすみれ、高嶺すみれ、高嶺菫	*Viola crassa* subsp. *crassa*
高嶺塩釜	タカネシオガマ、高嶺塩釜	*Pedicularis verticillate*
御山豌豆	おやまのえんどう、御山の豌豆	*Oxytropis japonica* var. *japonica*
深山小米草	みやまこごめぐさ、深山小米草	*Eupharasia insignis*
深山金梅	みやまきんばい、深山金梅	*Potentilla matsumurae*
深山萬年草	みやままんねんぐさ、深山万年草	*Sedum japonicum* var. *senanense*
深山龍膽	みやまりんどう、深山竜胆	*Gentiana nipponica*
深山曙草	みやまあけぼのそう、深山曙草	*Swertia perennis* subsp. *cuspidata*
鳥海珍車	チョウカイチングルマ、鳥海珍車，チングルマ（珍車）的別名	*Sieversia pentapetala*
鳥海衾	チョウカイフスマ、鳥海衾	*Arenaria merckioides* var. *chokaiensis*
鳥海薊	チョウカイアザミ、鳥海薊	*Cirsium chokaiense*
報春花科	さくらそう科、サクラソウ科	Primulaceae
景天科	べんけいそう科、ベンケイソウ科	Crassulaceae
筑紫芹	つくしぜり、筑紫芹	*Angelica longeradiata*
裏白瓔珞	ウラジロヨウラク、裏白瓔珞	*Rhododendron multiflorum*
零餘虎耳草	むかごゆきのした、零余子雪の下	*Saxifraga cernua*
雌阿寒金梅	めあかんきんばい、メアカンキンバイ、雌阿寒金梅	*Potentilla miyabei*（牧野富太郎命名） *Sibbaldia miyabei*（新名）
雌阿寒衾	めあかんふすま、メアカンフスマ、雌阿寒衾	*Arenaria merckioides*
歐洲薄雪草	エーデルワイス	*Leontopodium nivale*
駒草	こまくさ、コマクサ、駒草	*Dicentra peregrina*
駒薄雪草	コマウスユキソウ、駒薄雪草，ヒメウスユキソウ（姫薄雪草）的別名	*Leontopodium shinanense*
燈台躑躅	ドウダンツツジ、灯台躑躅	*Enkianthus perulatus*
龍膽科	りんどう科、リンドウ科	Gentianaceae
薔薇科	バラ科（牧野稱為いばら科、イバラ科）	Rosaceae
繖形科	さんけいか（舊名） セリ科（新名）	Apiaceae
蟲取堇	ムシトリスミレ、虫取すみレ、虫取菫	*Pinguicula vulgaris*
雛櫻	ひなざくら、雛桜	*Primula nipponica*

〔尾瀨〕長藏大怒

水芭蕉	ミズバショウ、水芭蕉	*Lysichiton camtschatcensis*
北萱草	ニッコウキスゲ、日光黃菅，又稱ゼンテイカ（禅庭花）	*Hemerocallis middendorffii* var. *esculenta*

〔日光山〕赤沼菖蒲

赤沼菖蒲、野花菖蒲	アカヌマアヤメ、ノハナショウブ、野花菖蒲	*Iris ensata* var. *spontanea*
日本紅景天	ホソバイワベンケイ、細葉岩弁慶	*Rhodiola ishidae*

白山風露	ハクサンフウロ、白山風露	*Geranium yesoense* var. *nipponicum*
薄雪草	ウスユキソウ、薄雪草	*Leontopodium japonicum*

〔筑波山、高尾山〕木通

日本紫藤	ふじ、藤	*Wisteria floribunda*
木通	あけび、アケビ	*Akebia quinata*
高尾平江帯	タカオヒゴタイ、高尾平江帯	*Saussurea sinuatoides*
高尾堇	タカオスミレ、高尾菫	*Viola yezoensis* f. *discolor*

〔清澄山、那智山〕日本沒有原生秋海棠

柳杉	スギ	*Cryptomeria japonica*
紅楠	タブ、椨、タブノキ、椨の木	*Machilus thunbergii*
栲樹	シイ、椎	*Castanopsis*
蚊母樹	イスノキ、柞の木	*Distylium racemosum*
清澄枝垂櫻	キヨスミシダレザクラ、清澄枝垂桜	*Prunus* x *parvifolia* 'Pendula'
繡球花	アジサイ、紫陽花	*Hydrangea macrophylla*

〔箱根山〕因廁得福

日本扁杉	ヒノキ、檜木	*Chamaecyparis obtusa*
姬沙羅	ヒメシャラ、姫沙羅	*Stewartia monadelpha*
羅漢柏羊栖菜菌	アスナロノヒジキ	*Caeoma deformans*

〔箱根山〕箱根的植物

三葉木通	みつばあけび、三葉木通	*Akebia trifoliata*
大久保蕨、苔蕨、南京蕨、蜈蚣蕨、姬子蕨、瓔珞蕨	おおくぼしだ、こけしだ、なんきんこしだ、むかでしだ、ひめこしだ、ようらくしだ	*Micropolypodium okuboi*
大茨藻	いばらも、茨藻	*Najas marina*
大葉嫁菜	おおばよめな、大葉嫁菜	*Kalimeris miquelianas*
小弟切	こおとぎり、小弟切	*Hypericum hakonense*
小岩櫻	こいわざくら、小岩桜	*Primula reinii*
小箱根莎草	こひながやつり	*Cyperus hakonensis* var. *vulcanicus*
山白菊	やましろぎく、山白菊	*Aster semiamplexicaulis*
川竹	めだけ、雌竹	*Pleioblastus simonii*
五葉木通	五葉あけび、五葉木通	*Akebia* x *pentaphylla*
日本七葉樹	とちのき、栃の木	*Aesculus turbinata*
日本楓木	かえで、楓	*Acer palmatum*
水王孫	くろも、黒藻	*Hydrilla verticillata*
水鱉科	とちかがみ科、トチカガミ科	Hydrocharitaceae
白根人參	しらねにんじん、白根人参	Tilingia ajanensis
石楠花科（舊名）杜鵑花科（新名）	しゃくなげ科、シャクナゲ科（舊名）ツツジ科（新名）	Ericaceae
禾本科	禾本科	Poaceae 或 Gramineae
立山菊	たてやまぎく、立山菊	*Aster dimorphophyllus*
朴樹	えのき、榎	*Celtis sinensis*
米躑躅	こめつつじ、米躑躅	*Rhododendron tschonoskii*

尾上蘭	おのえらん、尾上蘭	*Galearis fauriei*
忍蕨	しのぶかぐま	*Arachniodes mutica*
杜鵑花屬	つつじ属	*Rhododendron*
赤垂木	そろのき、アカシデ、赤四手	*Carpinus laxiflora*
岩人參	いわにんじん、岩人参	*Angelica hakonensis*
岩南天	いわなんてん	*Leucothoe keiskei*
拂子茅屬	がりやす属（舊名） ノガリヤス属（新名）	*Calamagrostis*
東菊	あずまぎく、東菊	*Erigeron thunbergii*
金空木	かなうつぎ、金空木	*Stephanandra tanakae*
南天竹	なんてん、南天	*Nandina domestica*
穿葉眼子菜	ひろはのえびも、広葉の海老藻	*Potamogeton perfoliatus*
苦草	せきしょうも、石菖藻	*Vallisneria asiatica*
唐草蕨	からくさしだ、唐草羊歯	*Gymnogramme makinoi*
姬野刈安	ひめのがりやす	*Calamagrostis hakonensis*
姬著莪	ひめしゃが、姫射干、姫著莪	*Iris gracilipes*
粉花繡線菊	しもつけ、下野	*Spiraea japonica*
茨藻科（舊名） 現為水鱉科茨藻屬	いばらも科、イバラモ科	Najadaceae
針菅	はりすげ、針菅	*Carex hakonensis*
高山繡線菊	おやましもつけ、御山下野	*Spiraea japonica* var. *japonica* f. *alpina*
深山人參	みやまにんじん、深山人参	*Ostericum florentii*
深山冬莓	みやまふゆいちご、深山冬苺	*Rubus hakonensis*
深山紺菊	みやまぎく、深山菊	*Aster viscidulus*
眼子菜科	ひるむしろ科、ヒロムシロ科	Potamogetonaceae
笹蝦藻	ささえびも	*Potamogeton x niten*
紺菊屬（舊名） 紫菀屬（新名）	こんきく属（舊名） シオン属（新名）	*Aster*
野春菊	のしゅんぎく、みやまよめな、深山嫁菜、あずまぎく	*Aster savatieri*
黑文字（大葉釣樟）	くろもじ、黒文字	*Lindera umbellata*
雁皮	がんぴ、雁皮	*Diplomorpha sikokiana*
微齒眼子菜	せんにんも、仙人藻	*Potamogeton maackianus*
瑞香科	じんちょうげ科、ジンチョウゲ科	Thymelaeaceae
葦草、裏葉草	よしくさ、フウチソウ、風知草、ウラハグサ、裏葉草	*Hakonechloa macra*
過山龍	みずすぎ、水杉	*Lycopodiella cernua*
鳶尾科	あやめ科、アヤメ科	Iridaceae
箱根竹	はこねだけ、箱根竹	*Pleioblastus chino*
箱根米躑躅	はこねこめつつじ、箱根米躑躅	*Rhododendron tsusiophyllum*
箱根空木	はこねうつぎ、箱根空木	*Weigela coraeensis*
箱根草	はこねそう、箱根草，ハコネシダ（箱根羊歯）的別名	*Adiantum monochlamys*
箱根莎草	ひながやつり、雛蚊帳釣	*Cyperus hakonensis*
箱根菊	はこねぎく、箱根菊	*Aster viscidulus*

輪藻屬	しゃじくも属、シャジクモ属	*Chara*
嚏木	はなひりのき、嚏の木	*Eubotryoides grayana* var. *grayana*
麗藻屬	ふらすこも属、フラスコモ属	*Nitella*
櫻雁皮	さくらがんぴ、桜雁皮、ひめがんぴ姫雁皮	*Diplomorpha pauciflora*
鐵釘樹	かなくぎのき、鉄釘の木	*Lindera erythrocarpa*
顯子草	たききび	*Phaenosperma globosum*

〔富士山、小室山〕漫談分割火山

山茶花	つばき、椿	*Camellia japonica*
杜鵑花	つつじ、躑躅	*Rhododendron*
富士薊	フジアザミ、ふじあざみ、富士薊	*Cirsium purpuratum*
富士薔薇	フジイバラ、ふじいばら、富士薔薇	*Rosa fujisanensis*

〔富士山〕登富士觀植物

日本草莓	しろばなへびいちご、白花の蛇苺	*Fragaria nipponica*
木天蓼	またたび、木天蓼	*Actinidia polygama*
肉蓯蓉	ニクジュヨウ、肉蓯蓉、肉輭蓉	*Cistanche deserticola*
冷杉	樅、モミ	*Abies firma*
草莓	和蘭いちご、オランダイチゴ、和蘭苺	*Fragaria* × *magna*
草蓯蓉 別名金精茸	おにく、オニク、御肉 きむらたけ、キモラダケ、キマラダケ	*Boschniakia rossica*
高嶺薔薇	たかねばら、高嶺薔薇	*Rosa nipponensis*
御蓼	おんたで、御蓼	*Aconogonon weyrichii* var. *alpinum*
深山榿木	みやまはんのき、深山榛の木	*Alnus maximowiczii*
富士弟切	ふじおとぎり、富士弟切	*Hypericum erectum* var. *caespitosum*
富士松	ふじまつ、フジマツ，カラマツ（唐松、落葉松）的別名	*Larix kaempferi*
富士櫻、豆櫻	ふじざくら、富士桜；マメザクラ、豆桜	*Cerasus incisa*
紫木綿蔓	むらさきもめんづる、紫木綿蔓	*Astragalus laxmannii* var. *adsurgens*
苔桃	こけもも、苔桃	*Vaccinium vitis-idaea*
旗竿芥屬	はたざお属、ハタザオ属	*Turritis*（內文中將齒葉南芥誤植為本屬，然齒葉南芥實則為筷子芥屬 *Arabis* 植物）
綠櫻、綠萼櫻	みどりざくら、りょくがくざくら	*Prunus incisa*（牧野富太郎命名） *Cerasus incisa* var. *incisa* f. *yamadei*（今名）
蓼科	タデ科	*Polygonaceae*
齒葉南芥	富士はたざお、富士旗竿	*Arabis serrata*

〔立山〕越中立山的胡枝子

〔金精峠、立山、白山、御嶽山等〕聊高山植物

大白檜曽	オオシラビソ、大白檜曽	*Abies mariesii*

小梅蕙草	コバイケイソウ、小梅蕙草	*Veratrum stamineum*
毛莨科	ウマノアシガタ科，又稱キンポウゲ科	Ranunculaceae
白木草	ミカエリソウ、見返草	*Leucosceptrum stellipilum*
白花石楠花、白山石楠花	シロバナシャクナゲ、白花石楠花；ハクサンシャクナゲ、白山石楠花	*Rhododendron brachycarpum*
白檜曽、白檜、龍髯	シラビソ、白檜曽、シラベ、リュウセン	*Abies veitchii*
白樺	シラカンバ、シラカバ、白樺	*Betula platyphylla*
列當科	ハマウツボ科	Orobanchaceae
百合屬	リリウム属、ユリ属	*Lilium*
米栂（一種鐵杉）	コメツガ、米栂	*Tsuga diversifolia*
貝母屬	フリチラリア属、バイモ属	*Fritillaria*
車百合	クルマユリ、車百合	*Lilium medeoloides*
岩高蘭科	ガンコウラン科	Empetraceae
松科	マツ科	Pinaceae
長之助草	チョウノスケソウ、長之助草	*Dryas octopetala*
信濃金梅	シナノキンバイ、信濃金梅	*Trollius shinanensis*
唇形科	唇形科、シソ科	Lamiaceae
姬薄雪草	ヒメウスユキソウ、姫薄雪草，別名コマウスユキソウ（駒薄雪草）	*Leontopodium shinanense*
御駒草（駒草）	オコマグサ	*Dicentra peregrina*
深山薄雪草	ミヤマウスユキソウ、深山薄雪草	*Leontopodium fauriei*
華鬘草、鯛釣草、荷包牡丹	ケマンソウ、けまんそう、タイツリソウ	*Lamprocapnos spectabilis*
黃花貝母	バイモ、貝母、アミガサユリ、編笠百合	*Fritillaria verticillate* var. *thunbergii*
黑百合	クロユリ、黒百合	*Fritillaria camtschatcensis*
裏白樅、日光樅	ウラシロモミ、裏白樅、ダケモミ；ニッコウモミ、日光モミ	*Abies homolepis*
槲樹	カシワ、柏、槲	*Quercus dentata*
樺木科	カバノキ科	*Betulaceae*
額紫陽花	ガクソウ、額草，ガクアジサイ（額紫陽花）的別名	*Hydrangea macrophylla* f. *normalis*
罌粟科	ケシ科	*Papaveraceae*

〔白馬岳、八岳〕採集山草

八岳葎	八ヶ岳むぐら、八ガ岳葎	*Galium triflorum*
八岳蒲公英	ヤツガタケタンポポ、八ヶ岳蒲公英	*Taraxacum yatsugatakense*
八高嶺薊	ヤツタカネアザミ、八高嶺薊	*Cirsium yatsualpicola*
疏葉珠蕨	八ヶ岳しのぶ、八ヶ岳忍	*Cryptogramma stelleri*
髭針菅	ひげはりすげ、髭針菅	*Kobresia bellardii*

〔岩手山、御岳山、立山、八岳等〕夢幻美妙的高山植物

山苧環	山おだまき、山苧環	*Aquilegia buergeriana*
毛氈苔	もうせんごけ、毛氈苔	*Drosera rotundifolia*
羽衣草	羽衣草、ハゴロモグサ	*Alchemilla vulgaris*
東北堇菜	すみれ、菫	*Viola mandshurica*

苧環	おだまき	*Aquilegia flabellata*
得撫草	うるっぷ草、得撫草	*Lagotis glauca*
深山苧環	深山おだまき、ミヤマオダマキ、深山苧環	*Aquilegia flabellata* var. *pumila*
豬牙花	カタクリ、片栗	*Erythronium japonicum*
錦葵	葵、アオイ	*Malvaceae*
耬斗菜	おだまき	*Aquilegia*
雙瓶梅	イチリンソウ	*Anemone nikoensis*
雙黃花堇菜	きばなのこまのつめ、黄花の駒の爪	*Viola biflora*

〔神崎森林〕奇樹

八角茴香、大茴香	ハッカクウイキョウ、八角茴香、ダイウイキョウ、大茴香，トウシキミ（唐樒）的別名	*Illicium verum*
八角屬	シキミ属	*Illicium*
日本女貞	ネズミモチ、鼠糯、鼠黐	*Ligustrum japonicum*
日本山茶	ヤブツバキ、藪椿	*Camellia japonica*
布氏稠李	イヌザクラ、犬桜	*Prunus buergeriana*
白新木薑子	シロダモ、白だも	*Neolitsea sericea*
含笑花	ヲガタマ	藪肉桂、白新木薑子、紅楠三種樹的總稱
油瀝青	アブラチャン、油瀝青	*Lindera praecox*
長尾栲	スダジイ、すだ椎	*Castanopsis sieboldii*
流蘇樹	ヒトツバタゴ、一つ葉タゴ	*Chionanthus retusus*
連香樹	カツラ、桂	*Cercidiphyllum japonicum*
黃土樹	バクチノキ、博打の木	*Prunus zippeliana*
賊仔樹	シマクロキ、島黒木	*Tetradium glabrifolium*
樟科	クスノキ科、楠科	*Lauraceae*
樟樹	クスノキ、樟	*Cinnamomum camphora*
薄葉藪肉桂（今視為藪肉桂的別名）	ウスバヤブニクケイ、ウスバヤブニッケイ、薄葉藪肉桂	*Cinnamomum yabunikkei*
藪肉桂	ヤブニクケイ、ヤブニッケイ、藪肉桂、藪肉桂	*Cinnamomum yabunikkei*

〔飛驒山脈〕可口的食用菌——馬糞蕈

水仙銀蓮花	ハクサンイチゲ、白山一花、白山一華	*Anemone narcissiflora*
四孢洋菇	ハラタケ、原茸	*Agaricus campestris*
東方胡麻花	ショウジョウバカマ、猩々袴	*Heloniopsis orientalis*
紅蕪菁	紅蕪、紅かぶ	*Brassica rapa*
馬糞蕈	マグソダケ	Panaeolus fimicola *Fries*、*Coprinarius fimicola* Schroet.（舊名） *Panaeolus fimicola*（新名）
野蘑菇	シャンピニオン	*Agaricus campestris*
蕪菁	蕪、かぶ	*Brassica rapa*

〔日本山野〕春天萌發的嫩草

夕萱	夕すげ、夕菅	*Hemerocallis citrina*

山芥菜	犬がらし、イヌガラシ、犬芥子	*Rorippa indica*
山蒜	野蒜、ノビル	*Allium macrostemon*
水芥菜	おらんだがらし、阿蘭陀芥子、和蘭芥子	*Nasturtium officinale*
水苦蕒、川萵苣	川ぢしゃ、カワヂシャ、川萵苣	*Veronica undulata*
白三葉草、White Clove	しろつめ草、シロツメクサ、白詰草	*Trifolium repens*
卷丹	オニユリ、鬼百合	*Lilium lancifolium*
紅蓼	蓼、たでタデ	*Polygonum*
重瓣萱草	ヤブカンゾウ、藪萱草	*Hemerocallis fulva* var. *kwanso*
桔梗	桔梗、キキョウ	*Platycodon grandiflorus*
桔梗科	桔梗科、キキョウ科	Campanulaceae
紐西蘭菠菜	ニュージーランド菠薐草	*Tetragonia tetragonioides*
問荊	スギナ（杉菜、接続草）的孢子囊穗稱為つくし（土筆、筆頭菜）	*Equisetum arvense*
細葉碎米薺	種つけ花、タネツケバナ、種漬花、種付花	*Cardamine flexuosa*
番杏	つる菜、蔓菜、蕃杏	*Tetragonia tetragonioides*
紫雲英	げんげ、紫雲英	*Astragalus sinicus*
黃花菜，別名夕萱	黄萱	*Hemerocallis citrina*
圓齒碎米薺、葶藶	大葉種つけばな、オオバタネツケバナ、大葉種漬花	*Cardamine regeliana*
萱草、宜男草	萱草	*Hemerocallis fulva*
萵苣	ちしゃ、萵苣	*Lactuca sativa*
鼠麴草	母子草、ハハコグサ	*Pseudognaphalium affine*
蒲公英	たんぽぽ、蒲公英	*Taraxacum*
蒼朮	おけら、うけら、朮	*Atractylodes lancea*
蔥	ねぎ、葱	*Allium fistulosum*
濕生葶藶	すかし田牛蒡、スカシタゴボウ、透し田牛蒡	*Rorippa palustris*
濱防風、八百屋防風	浜防風、ハマボウフウ；八百屋防風、ヤオヤボウフウ	*Glehnia littoralis*
薤	らっきょう、辣韮	*Allium chinense*
薺菜	なずな、薺	*Capsella bursa-pastoris*
藜	あかざ、藜	*Chenopodium album*

■從近畿到中國、四國、九州

〔伊吹山〕第一次的東京之旅

伊吹堇	イブキスミレ	*Viola mirabilis* var. *subglabra*
姬韮	ヒメニラ、姫韮	*Allium monanthum*
栓皮櫟	アベマキ、阿部槇	*Quercus variabilis*
黑櫟	シラガシ、シラカシ、白樫	*Quercus myrsinifolia*

〔伊吹山〕《草木圖說》的澤薊和真薊

大薊	大薊	*Silybum marianum* *C. nipponicum* var. *incomptum* *Cirsium japonicum*
小薊	小薊	*Cirsium japonicum*
真薊、煙管薊	マアザミ、真薊；煙管薊，キセルアザミ的別名	*Cirsium sieboldii*
澤薊（雞頂草、雞項草）	サワアザミ、沢薊、鶏頂草、鶏項草	*Cirsium yezoense*

〔六甲山〕馬醉木

馬醉木、梫木	アセビ、馬酔木	*Pieris japonica* subsp. *japonica*
蓼藍	藍、アイ	*Persicaria tinctoria*

〔高野山〕紀州高野山的蛇柳

松樹	マツ、松	*Pinus*
枝垂柳	たちしだれやなぎ、シダレヤナギ、枝垂柳	*Salix babylonica* var. *babylonica*
柳樹	ヤナギ、柳	*Salix*
蛇柳	ジャヤナギ、蛇柳	*Salix eriocarpa*
羅漢松	マキ、槇	*Podocarpaceae*
鐵杉	ツガ、栂	*Tsuga sieboldii*

〔三段峽〕懸石蜘蛛

〔三段峽〕萬年芝

山神杓子	ヤマノカミノシャクシ	*Ganoderma lucidum*
吉祥茸	キッショウダケ	
采配茸	サイハイタケ	
門出茸	カドイデダケ	
首途茸	カドデダケ	
孫杓子	マゴジャクシ	
貓杓子	ネコジャクシ	
萬年芝	マンネンタケ	
靈芝	霊芝、レイシ	

〔佐川山野〕地獄蟲

小椎	コジイ、小椎	*Castanopsis cuspidata*
腎蕨	タマシダ、玉羊歯	*Nephrolepis cordifolia*
圓椎	ツブラジイ、円椎	*Castanopsis cuspidata*
藤撫子	フジナデシコ、藤撫子，又稱為ハマナデシコ（浜撫子）	*Dianthus japonicus*

〔佐川山野〕狐狸放屁

松露	ショウロ、松露	*Rhizopogon roseolus*
狐狸放屁、天狗放屁、鬼瘤	キツネノヘダマ、テングノヘダマ，オニフスベ（鬼燻、鬼瘤）的別名	*Calvatia nipponica*
異匙葉藻	ヒルムシロ（蘼舌、練石艸、爛石草）	*Potamogeton distinctus*

〔佐川山野〕驚見鬼火

〔橫倉山〕所謂京丸牡丹

土佐上臈杜鵑草	トサジョウロウホトトギス、土佐上臈杜鵑草	*Tricyrtis macuranta*
日本辛夷	コブシ、辛夷	*Magnolia kobus*
日本厚朴	ホオノキ、朴の木、朴木、朴	*Magnolia obovata*
木蘭	モクレン、木蓮、木蘭	*Magnolia liliiflora*
木蘭科	モクレン科	*Magnoliaceae*
木蘭屬	モクレン属	*Magnolia*
玉簪屬	ギボウシ属	*Hosta*
岩煙草、崖萵苣	イワタバコ、岩煙草，別名タキヂシャ（崖萵苣）	*Conandron ramondioides*
厚朴	厚朴、コウボク	Magnolia officinalis *Rehd. et Wils*.（書中舊名） *Houpoea officinalis*（新名）
星花木蘭	シデコブシ、四手辛夷	*Magnolia stellata*
柳葉木蘭	カムシバ	*Magnolia salicifolia*
柳葉玉蘭	タムシバ、田虫葉	*Magnolia salicifolia*
崖百合	タキユリ、滝百合	*Lilium speciosum* var. *clivorum*
崖菜	タキナ，高知地區稱ギボウシ（擬宝珠）為タキナ。	*Hosta sieboldiana*
鹿子百合	カノコユリ、鹿の子百合	*Lilium speciosum*
葛	クズ、葛	*Pueraria lobata* subsp.*lobata*
橫倉木	ヨコグラノキ、横倉木	*Berchemiella berchemiaefolia*.
橫倉衝羽根	ヨコグラツクバネ、横倉衝羽根	*Paris tetraphylla* f. *sessiliflora*

〔土佐深山〕石吊蘭

日本山櫻	ヤマザクラ、山桜	*Cerasus jamasakura*
玄參科	ゴマノハグサ科	Scrophulariaceae
石吊蘭	シシンラン、石吊蘭、紫眞蘭	*Lysionotus apicidens*
染井吉野櫻	ソメイヨシノ、染井吉野	*Prunus × yedoensis*

〔井之內谷〕訪豐後的野生梅花棲地

三葉山香圓	ショウベンノキ、小便の木	*Turpinia ternata Nakai*
水團花	ヘッカニガキ、辺塚苦木	*Sinoadina racemosa*
車葉茜	クルマバアカネ、車葉茜	*Rubia cordifolia* var. *lancifolia*
河原榛木	カワラハンノキ、河原榛の木	*Alnus serrulatoides*
肥前真弓	ヒゼンマユミ、肥前真弓	*Euonymus chibae*
椒草	スナゴショウ、砂胡椒，サダソウ（佐田草）別名	*Peperomia jaonica*
紫麻	イワガネ、岩ヶ根	*Oreocnide frutescens*
銀柳	ネコヤナギ、猫柳	*Salix gracilistyla*
樹杞	モクタチバナ、木橘	*Ardisia sieboldii*
豐後梅	豊後梅、ブンゴウメ	*Prunus mume* var. *bungo*

文章出處

1906 年《山岳（第 1 年第 2 号）》日本山岳会

1932 年《旅（第 9 卷第 7 号、通算 100 号）》新潮社

1936 年《随筆草木志》南光社

1938 年《趣味の草木志》啓文社

1943 年《植物記》桜井書店

1944 年《続植物記》桜井書店

1947 年《牧野植物随筆》鎌倉書房

1953 年《随筆 植物一日一題》東洋書館

1956 年《牧野植物一家言》北隆館

1956 年《草木とともに》ダヴィッド社

1956 年《植物学九十年》全文館

1970 年《牧野富太郎 第 1 ～ 5 巻》東京美術

1997 年《牧野富太郎 牧野富太郎自叙伝（人間の記録 4）》日本図書センター

1998 年《植物一日一題》博品社

2000 年《植物一家言 草と木は天の恵み》小山鐵夫監、北隆館

2002 年《牧野植物随筆》講談社学術文庫

2003 年《山の旅 明治・大正篇》近藤信行、岩波文庫

2004 年《牧野富太郎自叙伝》講談社学術文庫

2010 年《花物語 続植物記》ちくま学芸文庫

山林花草追尋記

牧野富太郎と、山

作　　者　牧野富太郎
插　　畫　石坂しづか
譯　　者　蘇暐婷
責任編輯　張沛然

線上版回函卡

版　　權　吳亭儀、江欣瑜
行銷業務　周佑潔、林詩富
總 編 輯　徐藍萍
總 經 理　彭之琬
事業群總經理　黃淑貞
發 行 人　何飛鵬
法律顧問　元禾法律事務所　王子文律師
出　　版　商周出版　115 台北市南港區昆陽街 16 號 4 樓
電話：(02) 25007008　傳真：(02)25007579
E-mail：ct-bwp@cite.com.tw　Blog：http://bwp25007008.pixnet.net/blog
發　　行　英屬蓋曼群島商家庭傳媒股份有限公司城邦分公司
115 台北市南港區昆陽街 16 號 8 樓
書虫客服服務專線：02-25007718　02-25007719
24 小時傳真服務：02-25001990　02-25001991
服務時間：週一至週五 9:30-12:00　13:30-17:00
劃撥帳號：19863813　戶名：書虫股份有限公司
讀者服務信箱 E-mail：service@readingclub.com.tw
香港發行所　城邦（香港）出版集團有限公司
香港九龍土瓜灣土瓜灣道 86 號順聯工業大廈 6 樓 A 室
E-mail: hkcite@biznetvigator.com　電話：(852)25086231　傳真：(852)25789337
馬新發行所　城邦（馬新）出版集團 Cite (M) Sdn Bhd
41, Jalan Radin Anum, Bandar Baru Sri Petaling, 57000 Kuala Lumpur, Malaysia.
Tel: (603) 90563833　Fax: (603) 90576622　Email: services@cite.my

封面設計　李東記
印　　刷　卡樂製版印刷事業有限公司
總 經 銷　聯合發行股份有限公司　新北市 231 新店區寶橋路 235 巷 6 弄 6 號 2 樓
電話：(02) 2917-8022　傳真：(02) 2911-0053

2024 年 5 月 30 日初版

城邦讀書花園
www.cite.com.tw

Printed in Taiwan

定價 420 元

ISBN 978-626-390-152-0

國家圖書館出版品預行編目 (CIP) 資料

山林花草追尋記：日本植物學之父牧野富太郎的自然書寫，最真實動人的生態現場踏查紀實 / 牧野富太郎著；蘇暐婷譯. -- 初版. -- 臺北市：商周出版：英屬蓋曼群島商家庭傳媒股份有限公司城邦分公司發行，2024.06
面；　公分

譯自：牧野富太郎と、山
ISBN 978-626-390-152-0(平裝)

1.CST: 植物學 2.CST: 通俗作品

370　　113006577